工 程 营 地
水处理模块设计

北京诚栋国际营地集成房屋股份有限公司　组织编写

张君　牟连宝　编　　著

中国水利水电出版社
www.waterpub.com.cn
·北京·

内 容 提 要

本书针对工程营地尤其是海外工程营地，介绍相关水处理技术解决方案，核心内容是水处理技术的中小型、集成化、模块化设计以及标准化方案选型。

本书以给水处理和污水处理的相关工艺为基础，按处理标准和处理工艺的不同进行分类，并结合一些其他国家的水处理标准，制订了一些标准化的设计方案，便于相关工程人员的设计参考和选择。另外，本书还介绍了在工程营地的前期规划设计阶段给水处理和污水处理应如何布置。

本书力求简明扼要、图文并茂，便于读者了解、熟悉工程营地所需的水处理相关基本知识。本书可为海外工程营地建设企业的项目经理、采购经理、给排水技术人员及现场管理人员等提供参考。

图书在版编目（ＣＩＰ）数据

工程营地水处理模块设计 / 张君，牟连宝编著 ；北京诚栋国际营地集成房屋股份有限公司组织编写. -- 北京 ： 中国水利水电出版社，2019.11
ISBN 978-7-5170-8267-5

Ⅰ．①工… Ⅱ．①张… ②牟… ③北… Ⅲ．①给水处理 Ⅳ．①TU991.2

中国版本图书馆CIP数据核字(2019)第279576号

书　　名	**工程营地水处理模块设计** GONGCHENG YINGDI SHUICHULI MOKUAI SHEJI
作　　者	北京诚栋国际营地集成房屋股份有限公司　组织编写 张君　牟连宝　编著
出版发行	中国水利水电出版社 （北京市海淀区玉渊潭南路 1 号 D 座　　100038） 网址：www.waterpub.com.cn E - mail：sales@waterpub.com.cn 电话：(010) 68367658（营销中心）
经　　售	北京科水图书销售中心（零售） 电话：(010) 88383994、63202643、68545874 全国各地新华书店和相关出版物销售网点
排　　版	中国水利水电出版社微机排版中心
印　　刷	天津嘉恒印务有限公司
规　　格	184mm×260mm　16 开本　6.25 印张　152 千字
版　　次	2019 年 11 月第 1 版　2019 年 11 月第 1 次印刷
印　　数	0001—1500 册
定　　价	**98.00 元**

前言

　　人类的生活离不开自然环境。同样，为保障海外工程实施所必需的工程营地建设也需要与环境相协调，其中尤为重要的就是水环境。水，是海外工程营地建设与运营所需的极其重要的资源，饮用水质量直接关系到众多"走出去"建设者的身体健康，而生活和生产活动所产生的废水则会直接影响当地环境，未经有效处理的饮用水水源和废水，会对人和环境持续造成危害。

　　随着经济全球化和一体化的趋势不断增强，中国工程企业靠着执着的精神走出国门。伴随着中国海外工程的快速发展，海外工程营地的建设也越来越受到重视，海外工程营地建设的地域广、规模大，所面临的自然环境、社会环境、政治环境多种多样，建设标准和特点呈现多样化。

　　很多海外工程施工现场地处偏远地区，现场自然条件恶劣，生活条件艰苦，饮水质量很差，容易引发腹泻及其他疾病。近年来随着非洲等发展中国家的人口快速增长和工业发展，当地的环境污染加剧，水质也受到了一定影响，导致很多工程营地就地打井取水的水质不符合国内的饮用标准。为了解决人员饮水问题，一些企业从城市向工程营地运送饮用水，运输距离远、成本高，而一些有经验的海外工程施工企业采用净水设备进行处理，从而保障营地人员的正常生活与生产。在解决饮水问题的同时，工程营地污水排放问题也同样经历了一个探索与经验积累的过程。

　　中国工程企业走出去初期，很多非洲等地的发展中国家经济发展落后、基础设施条件差，对于环境保护的要求并不严格，工程营地的生活污水处理相对简单，生活区产生的生活污水就简单地排放到化粪池里，没有使用专业的水处理设备就排放到环境中，长期来看对于当地的水质会有一定影响。随着经济发展、环境变化以及国际工程全球化的发展，当地政府对于环境保护越来越重视，由于自身环保意识不强，加之不了解当地的环境法规和环境评估流程，中国工程企业项目被环境部门叫停的现象时有发生。目前很多非洲国家都有相关环境保护的法律法规，如规定了任何机构或个人未经专门机构授权不得直接或间接将污水排入任何水源，不得污染水源。工程项目需申请污水排放许可，任何机构对水资源造成破坏需负责清理恢复，如不按规定及时恢复，将会被提起诉讼，通过法院强制处理，甚至需要交纳罚款及水源清理费等。

　　随着各国环境保护意识的增强，中国海外工程企业关于工程营地建设的要求也逐步提高。水处理在海外工程营地建设中已不可或缺，并成为工程营地项目控制的重要环节之一。海外工程营地的水处理包括给水处理和污水处理。其中给水处理是保证营地供水、用水安全的重要环节，对于工程营地所在地区水源水质差的，需要考虑当地的生活用水水质标准，一般中国工程企业生活用水水质按中国的国家标准即可；污水处理是将工程营地的污水集中进行处理后排放到附近地表，不得破坏营地周围的水环境，对于水资源极其匮乏的地区，可以将污水处理后再进行回用，另外也可以对雨水进行收集和利用。

给水处理常应用于城市自来水厂、农村生活用水工程，以及社区净水处理站、商业办公净水机、家庭净水机等；污水处理一般用于城市污水处理厂以及脱离市政排水管网的地方。本书主要介绍适合工程营地的水处理解决方案。海外工程营地按功能特点划分属于一个集中的综合社区，包括生活、办公、餐饮、娱乐等，规模由几十人到几千人不等，从营地建设到运营结束少则五年，多则二十年甚至更久。

本书内容包括工程营地及水处理、营地给水处理、给水处理模块化设计、营地污水处理、污水处理模块化设计、营地规划及案例。本书力求简明扼要、图文并茂，便于读者了解、熟悉工程营地所需的水处理相关基本知识。本书可为海外工程营地建设企业的项目经理、采购经理、给排水技术人员及现场管理人员等提供参考。

本书在编写过程中得到了诸多海外工程企业、水处理专业厂家以及行业专家的大力支持与指导，在此一并表示衷心感谢！

由于编者水平有限，对于书中疏漏和不妥之处，请读者和专家批评指正。

作者

2019 年 9 月

目录

第 1 章

工程营地及水处理

1.1 工程营地

说到营地，首先就会想到军队扎营的场所。其实在远古时代就已经存在营地，即古代人类在游牧、狩猎、迁徙等活动中群落居住所形成的场所，如图1-1、图1-2所示。

图1-1 古代人类的居住群落

进入现代文明社会，轨道交通、高速公路、市政、房屋建筑、水利水电等基础设施工程逐渐活跃，如雄安新区建设工程、北京城市副中心工程、首都新机场工程等，工程建设成为主要社会活动之一，而为满足工程建设需要而建造的营地也随之出现。一般情况下，工程营地建造在工程施工现场附近，需要有一定的场地和设施条件，满足工程管理人员、施工人员的办公、住宿等需要。随着中国综合实力的提高，"中国建设"遍布全球，中国在海外的工程越来越多，并受到世界瞩目，如摩洛哥布里格里格河谷斜拉桥、埃塞俄比亚首都亚的斯亚贝巴城市轻轨、乌兹别克斯坦安帕铁路卡姆奇克隧道、连接埃塞俄比亚和吉布提两国首都的非洲首条电气化铁路亚吉铁路、新中国第一个援外项目坦赞铁路等。海外工程营地也成为服务于海外工程的重要设施。图1-3所示为海外工程营地的全貌图。

1

图 1-2 古代人类的生活

（a）案例一

（b）案例二

图 1-3 海外工程营地

1.2　营地水处理的作用

　　水是生命的源泉，是人类文明的摇篮，它孕育并维持着地球上的万物生灵。社会在不断发展的同时，自然环境也在因为人类生活和社会生产等活动发生着变化，大气污染、水污染等问题日益突出，人们对人与自然环境和谐相处的认识也逐渐提高。工程营地是为工程现场人员提供办公、住宿等活动的环境场所，在工程建设中发挥着重要保障作用。水，是工程营地的必需资源。人在工程营地活动的过程就是水从水源引入到排出的过程，为保障人员饮水健康和减少排放的废水对环境的影响，营地必须有一个完备的处理系统，从而保障工程营地的生活环境并保护周边的自然环境。

　　水质的好坏直接影响人们的身体健康，饮用水水质与浑浊度、色度、气味、电导率、酸碱性等有关，根据世界各地区所在环境和技术水平的差异饮用水标准也存在一定差别。在非洲只有约 51％的人口能够使用到比较卫生的饮用水，而中国工程企业的人员到了国外，尤其是较落后的地区，饮用当地的水后，出现过很多腹泻的情况。

　　水处理是指为使水质达到一定使用标准而采取的物理、化学措施，水处理的目的是提高水质，使之达到某种卫生标准。按处理对象或目的的不同，分为给水处理和废水处理两大类；给水处理包括生活饮用水处理和工业用水处理两类；废水处理包括生活污水处理和工业废水处理两类。一般工程营地的功能为办公、生活类，与工程营地有关的就是生活饮用水处理和生活污水处理。

　　很多海外工程营地的位置远离市区，使用的水源是地下水或者附近的河水。给水处理可以将水净化达到人们生活所需的卫生标准，在保障饮用水安全的前提下，还要满足营地内正常的生活、办公等需要。

　　同时由于很多海外工程营地的位置比较偏僻，工程营地产生的污水、废水不能排进市政污水管网，如果污水直接排放到地表、河流，将会对周围水资源和环境造成污染。当前很多国家制定了与环境保护相关的法律法规，对在当地进行的建设生产活动所产生的污水进行限制排放，以保护当地生态环境。在水资源匮乏的地区，经处理后的污水还要进行循环利用，以减少对水资源需求的压力。

　　因此，水处理对于工程营地尤其是海外工程营地的建设和运营发挥着至关重要的作用，是工程建设人员身体健康的需要，是工程营地正常运转的需要，是当地法规的规定，更是保护大自然的责任。

第 2 章

营地给水处理

2.1 水源水质

营地的给水水源可分为地下水源和地表水源两大类。地下水源包括潜水（无压地下水）、自流水（承压地下水）和泉水；地表水源包括江河、湖泊、水库和海水。具体选用哪一种水源具体根据营地选址、经济性等因素而定。

两类水源都不同程度地含有各种各样的杂质。杂质的来源可分为两种：一种是自然过程，例如，微生物在水中的繁殖及其死亡的残骸，溶解在水中的地层矿物质，以及水流对地表和河床冲刷所带入的泥沙和腐殖质等；另一种是人为因素，如工业废水、农业污水、生活污水的污染。杂质按颗粒的大小可以分为悬浮物、胶体、溶解物（离子和分子）。

1. 悬浮物

悬浮物（图 2-1）是颗粒直径为 $0.1 \sim 100 \mu m$ 的微粒。悬浮物尺寸较大，肉眼可见，主要是由泥沙、黏土、原生动物、藻类、细菌、病毒，以及高分子有机物等组成，常常在水中上浮或下沉。水产生的浑浊现象，也都是由此类物质造成的。

2. 胶体

胶体（图 2-2）是颗粒直径为 $1nm \sim 0.1 \mu m$ 的微粒。胶体尺寸很小，在水中长期静置也难下沉，水中所存在的胶体通常有黏土、某些细菌及病毒、腐殖质及蛋白质等。有机高分子物质通常也属于胶体。天然水中的胶体一般带有负电荷，有时也含有少量正电荷的金属氢氧化物。

悬浮物和胶体是饮用水处理的主要去除对象。粒径大于 0.1mm 的泥沙较易去除，通常在水中很快自行下沉。而粒径较小的悬浮物和胶体须投加混凝剂方可去除。

3. 溶解物

溶解物分为有机物和无机物两类。无机溶解物是指水中所含的无机低分子和离子。它们与水构成均相体系，外观透明，属于真溶液。但有的无机溶解物可使水产生色、臭、味。无机溶解物主要为某些工业用水的去除对象。有机溶解物主要来源于水源污染，也有天然存在的。

图 2-1 悬浮物 　　　　　图 2-2 胶体

受污染的水中溶解物多种多样，主要的杂质是气体和离子。

天然水中溶解的气体主要有氧气、氮气、二氧化碳和少量的硫化氢。水中的氧气主要来源于空气中氧的溶解和部分藻类及其他水生植物的光合作用；地表水中的二氧化碳主要来自有机物的分解，地下水中的二氧化碳来自有机物的分解和地层中所进行的化学反应；氮气主要来源于空气，部分来源于有机物分解及含氮化合物的细菌还原等生化过程；硫化氢主要来自硫矿物的还原及水中有机物的腐烂。地表水中的硫化氢含量很少，因为硫化氢极易被氧化。

天然水中含有离子杂质的阳离子和阴离子。主要的阳离子有 Ca^{2+}、Mg^{2+}、Na^+；主要的阴离子有 HCO_3^-、SO_4^{2-}、Cl^-。此外还有少量的 K^+、Fe^{2+}、Mn^{2+}、Cu^{2+} 等阳离子和 $HSiO_3^-$、CO_3^{2-}、NO_3^- 等阴离子。这些离子主要来源于矿物质的溶解，也有部分可能来源于水中有机物的分解。

由于营地所在的国家、地区不同，各种的天然水源所处的环境、条件及地质状况都不同，水中离子的种类和含量也有很大的差别。所以在营地设计给水处理时，首先要对该地区的水源进行取样检测，根据具体的检测结果和相应的国家标准来设计、选用给水处理的设备。

2.2 水质标准

工程营地所在的国家不同，生活饮用水的卫生标准也就不同。以《生活饮用水卫生标准》（GB 5749）为例，生活饮用水水质应符合表 2-1 和表 2-2 的卫生要求。

表 2－1　　　　　　　　　　　水质常规指标及限值

项　目		限　值
1. 微生物指标①	总大肠菌群/（MPN/100 mL 或 CFU/100 mL）	不得检出
	耐热大肠菌群/（MPN/100 mL 或 CFU/100 mL）	不得检出
	大肠埃希氏菌/（MPN/100 mL 或 CFU/100 mL）	不得检出
	菌落总数/（CFU/mL）	100
2. 毒理指标	砷/（mg/L）	0.01
	镉/（mg/L）	0.005
	铬（六价）/（mg/L）	0.05
	铅/（mg/L）	0.01
	汞/（mg/L）	0.001
	硒/（mg/L）	0.01
	氰化物/（mg/L）	0.05
	氟化物/（mg/L）	1.0
	硝酸盐（以 N 计）/（mg/L）	10 地下水源限制时为 20
	三氯甲烷/（mg/L）	0.06
	四氯化碳/（mg/L）	0.002
	溴酸盐（使用臭氧时）/（mg/L）	0.01
	甲醛（使用臭氧时）/（mg/L）	0.9
	亚氯酸盐（使用二氧化氯消毒时）/（mg/L）	0.7
	氯酸盐（使用复合二氧化氯消毒时）/（mg/L）	0.7
3. 感官性状和 一般化学指标	色度/铂钴色度单位	15
	浊度（散射浑浊度单位）/NTU	1 水源与净水技术条件限制时为 3
	臭和味	无异臭、异味
	肉眼可见物	无
	pH 值	不小于 6.5 且不大于 8.5
	铝/（mg/L）	0.2
	铁/（mg/L）	0.3
	锰/（mg/L）	0.1
	铜/（mg/L）	1.0
	铸/（mg/L）	1.0
	氯化物/（mg/L）	250
	硫酸盐/（mg/L）	250

项　目		限　值
3. 感官性状和 一般化学指标	溶解性总固体/(mg/L)	1000
	总硬度（以 CaCO_3 计）/(mg/L)	450
	耗氧量（COD_Mn法，以 O_2 计）/ (mg/L)	3 水源限制，原水耗氧量＞ 6mg/L 时为 5
	挥发酚类（以苯酚计）/(mg/L)	0.002
	阴离子合成洗涤剂/(mg/L)	0.3
4. 放射性指标② （指导值）	总 α 放射性/(Bq/L)	0.5
	总 β 放射性/(Bq/L)	1

①　MPN 表示最可能数；CFU 表示菌落形成单位。当水样检出总大肠菌群时，应进一步检验大肠埃希氏菌或耐热大肠菌群；水样未检出总大肠菌群，不必检验大肠埃希氏菌或耐热大肠菌群。
②　放射性指标超过指导值，应进行核素分析和评价，判定能否饮用。

表 2－2　　　　　　　　　　　　　水质非常规指标及限值

项　目		限　值
1. 微生物指标	贾第鞭毛虫/(个/10 L)	＜1
	隐孢子虫/(个/10 L)	＜1
2. 毒理指标	锑/(mg/L)	0.005
	钡/(mg/L)	0.7
	铍/(mg/L)	0.002
	硼/(mg/L)	0.5
	钼/(mg/L)	0.07
	镍/(mg/L)	0.02
	银/(mg/L)	0.05
	铊/(mg/L)	0.0001
	氯化氰（以 CN -计)/(mg/L)	0.07
	一氯二溴甲烷/(mg/L)	0.1
	二氯一溴甲烷/(mg/L)	0.06
	二氯乙酸/(mg/L)	0.05
	1，2-二氯乙烷/(mg/L)	0.03
	二氯甲烷/(mg/L)	0.02
	二卤甲烷（二氯甲烷、一氯二溴甲烷、 二氯一溴甲烷、二溴甲烷的总和）	该类化合物中各种化合物的实测浓度与其 各自限值的比值之和不超过1
	1，1，1-三氯乙烷/(mg/L)	2
	三氯乙酸/(mg/L)	0.1

续表

项　目	限　值
三氯乙醛/(mg/L)	0.01
2，4，6-三氯酚/(mg/L)	0.2
三溴甲烷/(mg/L)	0.1
七氯/(mg/L)	0.0004
马拉硫磷/(mg/L)	0.25
五氯酚/(mg/L)	0.009
六六六（总量）/(mg/L)	0.005
六氯苯/(mg/L)	0.001
乐果/(mg/L)	0.08
对硫磷/(mg/L)	0.003
灭草松/(mg/L)	0.3
甲基对硫磷/(mg/L)	0.02
百菌清/(mg/L)	0.01
呋喃丹/(mg/L)	0.007
林丹/(mg/L)	0.002
毒死蜱/(mg/L)	0.03
草甘膦/(mg/L)	0.7
敌敌畏/(mg/L)	0.001
莠去津/(mg/L)	0.002
溴氰菊酯/(mg/L)	0.02
2，4-滴/(mg/L)	0.03
滴滴涕/(mg/L)	0.001
乙苯/(mg/L)	0.3
二甲苯（总量）/(mg/L)	0.5
1，1-二氯乙烯/(mg/L)	0.03
1，2-二氯乙烯/(mg/L)	0.05
1，2-二氯苯/(mg/L)	1
1，4-二氯苯/(mg/L)	0.3
三氯乙烯/(mg/L)	0.07
三氯苯（总量）/(mg/L)	0.02
六氯丁二烯/(mg/L)	0.0006
丙烯酰胺/(mg/L)	0.0005
四氯乙烯/(mg/L)	0.04

注：左侧纵向合并单元格为"2. 毒理指标"

项 目		限 值
2. 毒理指标	甲苯/（mg/L）	0.7
	邻苯二甲酸二（2-乙基己基）酯/（mg/L）	0.008
	环氧氯丙烷/（mg/L）	0.0004
	苯/（mg/L）	0.01
	苯乙烯/（mg/L）	0.02
	苯并（a）芘/（mg/L）	0.00001
	氯乙烯/（mg/L）	0.005
	氯苯/（mg/L）	0.3
	微囊藻毒素-LR/（mg/L）	0.001
3. 感官性状和一般化学指标	氨氮（以 N 计）/（mg/L）	0.5
	硫化物/（mg/L）	0.02
	钠/（mg/L）	200

考虑中国海外施工企业人员的生活习惯以及中国的生活用水水质标准处于世界先进水平，因此海外工程营地中生活饮用水水质满足中国标准即可。营地的给水处理主要是供国内管理和施工等人员的使用，当地人一般适应当地的水质。营地所在地区的水源不能满足当地生活饮用水的水质标准时，也要考虑满足当地人员的饮水需要。

2.3 给水处理的方法

营地给水处理的任务就是通过一些必要的方法除去水中的杂质，使之符合日常生活饮用所要求的水质。在给水处理中，有的方法不仅仅只有一种特定的处理效果，也会直接或间接地具有其他处理效果。为了达到某一处理标准，往往会几种方法结合使用。下面就介绍几种生活饮用水处理的方法。

1. 澄清和消毒

澄清和消毒是以地表水为水源的生活饮用水的常用处理工艺。

澄清工艺处理的对象主要是水中的悬浮物和胶体。常见的澄清工艺包括混凝、沉淀和过滤。原水加药后，经混凝使水中的悬浮物和胶体形成大颗粒絮凝体，再通过沉淀池进行重力分离。过滤是利用粒状滤料截留水中杂质的构筑物，通常置于混凝和沉淀构筑物之后，可以进一步降低水的浊度。完善有效的混凝、沉淀和过滤，不仅可以有效地降低水的浊度，而且对水中某些有机物、细菌及病毒的去除也有一定的效果。

消毒是灭活水中的致病微生物（细菌、病毒、原生动物等），通常在过滤以后进行。生活饮用水的消毒方法可以分为物理消毒和化学消毒。物理消毒可用加热、过滤、紫外线、辐射消毒等方法。化学消毒则使用化学消毒剂。国内外常用的饮用水消毒剂仍以卤素为主，尤其是氯消毒剂，含氯制剂如漂白粉、次氯酸钙、氯胺、二氯异氰尿酸钠等。由于水源水质不同，加氯量应根据需氯量试验来确定。加氯量是否适当，可请求当地疾病预防控制中心予以帮助。二氧化氯称为第四代消毒剂，是世界卫生组织（World Health Organization，WHO）推荐的处理饮用水最安全的化学药剂，是消毒剂的更新换代产品。在消毒、去味、除铁等许多方面都比氯效果好，而且不产生三氯甲烷类致癌物质。它消毒水时，受水温的影响很小，对劣质水的杀菌效果比氯更好。臭氧消毒也是一种消毒方法。

2. 除臭、除味

当原水中臭和味严重而采用澄清和消毒工艺系统不能达到水质要求时才采用除臭、除味，它是饮用水净化中所需的特殊处理方法。水中臭和味的来源决定着除臭、除味的方法。例如，对于溶解性气体或挥发性有机物所产生的臭和味，可以采用曝气法去除；对于水中有机物所产生的臭和味，可以采用活性炭或氧化法去除；对于因溶解盐类所产生的臭和味，可以采用适当的除盐措施；对于因藻类繁殖而产生的臭和味，可以采用微滤机或气浮法去除等。

3. 软化

软化处理的对象主要是水中的 Ca^{2+}、Mg^{2+}。软化的方法主要有离子交换法和药剂软化法。离子交换法将水中 Ca^{2+}、Mg^{2+} 与阳离子交换剂上的阳离子互相交换而达到去除的目的；药剂软化法是在水中投入石灰、苏打等药剂以使 Ca^{2+}、Mg^{2+} 转变为沉淀物而从水中分离。

4. 淡化和除盐

淡化和除盐处理的对象是水中溶解的盐类，包括阴、阳离子。淡化是将高含盐量的水如海水及"苦咸水"处理到符合生活饮用或某些工业用水要求的处理过程；除盐是制取纯水及高纯水的处理过程。淡化和除盐的主要方法有蒸馏法、离子交换法、电渗析法及反渗透法等。离子交换法需经过阳离子和阴离子交换剂两种交换过程；电渗析法是利用阴、阳离子交换膜能够分别透过阴、阳离子的特性，在外加直流电场作用下使水中的阴、阳离子分离出去；反渗透法是一种利用高于渗透压的压力使含盐水通过半渗透膜时将盐类离子被阻留下来的方法。电渗析法和反渗透法属于膜分离法，通常用于高含盐量水的淡化或离子交换法的前处理工艺。

第 3 章

给水处理模块化设计

3.1 给水处理模块的概念

传统给水处理设备都需要单独设计机房（图 3-1），然后在机房内对设备进行安装、调试、试运行等。对于海外营地来说，给水处理设备的运输、安装、技术等都存在不确定性因素，会影响到营地建设的质量、进度、成本。为了确保技术方案和设备安装的可靠性、稳定性，同时省时、省力地进行营地建设，本书提出一种集成化的给水处理解决方案。

图 3-1　传统给水处理机房

给水处理设备由管道系统、过滤系统、阀门、水泵、控制系统、监测系统等多个系统组成。这些系统通过一定的工艺原理组成一套给水处理设备，将该设备安装在预制的基座上称为基座式给水处理模块（图 3-2），将该设备安装在集装箱里称为集装箱式给水处理模块（图 3-3）。

11

图 3 - 2　基座式给水处理模块

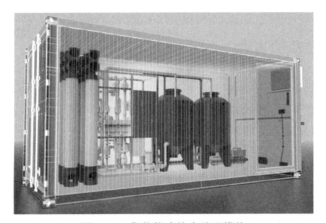

图 3 - 3　集装箱式给水处理模块

　　基座式给水处理模块一般放置于营地内为给水设备搭建的机房内。该模块整体安装在机房内预制的基础上，再进行机房管道的安装。当采用集装箱式给水处理模块时现场可不单独建造机房，可以与现场的管道对接直接露天使用。根据集装箱实际使用空间可以将二次供水的水箱、水泵等设备集成在箱内，如果剩余的空间较小，那么需将二次供水设备单独集成在另一集装箱内。

　　基座式给水处理模块基于一定的处理水量设计，工程营地在使用时根据实际处理水量增加相应的系统组数即可。集装箱式给水处理模块则是合理利用集装箱空间，将设备的处理水量做到最大化。对于日给水处理量较大的工程营地，一个集装箱式给水处理模块不能满足时，需要增加模块以满足处理量的要求。集装箱式给水处理模块在工厂进行预制，现场只需要将管道系统和控制系统连接起来进行调试即可，因此现场安装的速度很快。同时这种给水处理模块不受安装顺序的限制，可以提前进场，也可以在营地主要建筑完工后再进场。

　　工程营地给水处理模块应用过滤原理，其中最重要的是过滤中应用的膜分离技术。膜分离技术是利用具有一定选择透过性的过滤介质对物质进行分离纯化的技术。它被国际上公认为 20 世纪末至 21 世纪中期最有发展前途的重大生产技术。随着物理化学、生物学等学科的深入发展，各种新型膜材料及制膜技术得到不断开拓。现代工业对节能、资源再生、环境污染消除的需求日益加强，各种膜分离技术在水处理、石油化工、食品、医药、环境保护等领域得到应用。

膜分离技术的实质是根据混合物的物理、化学性质的不同，使其被具有不同选择透过性的膜分离开。其分离效率高，且大多数可在较温和的条件进行，操作的温度和压强较低，适合生物活性物质的分离，可最大限度地保存产品的生物活性；其分离过程能耗小，一般不涉及相变。此外，膜分离过程还有污染小、操作灵活、易实现自动化等优点。当然，膜分离技术也有一定的缺陷和不足。膜易受到污染，从而使膜性能降低甚至丧失过滤能力。膜的耐药性、耐热性有限使其使用范围受到限制，单独采用膜分离技术效果有限。

膜是具有选择性分离功能的材料，利用膜的选择性分离实现料液的不同组分的分离、纯化、浓缩的过程称作膜分离。它与传统过滤的不同在于，膜可以在分子范围内进行分离，并且这一过程是物理过程，不需发生相的变化和添加助剂。

半透膜又称分离膜或滤膜，膜壁布满小孔，根据孔径大小可以分为微滤膜（MF）、超滤膜（UF）、纳滤膜（NF）、反渗透膜（RO）等；根据材料的不同，可分为无机膜和有机膜。无机膜主要是陶瓷膜和金属膜，其过滤精度较低，选择性较小；有机膜是由高分子材料制成的，如醋酸纤维素、芳香族聚酰胺、聚醚砜、聚氟聚合物等。膜分离采用错流过滤或死端过滤方式。

1. 微滤

微滤（MF）又称微孔过滤，它属于精密过滤，其基本原理是筛孔分离过程。微滤膜的材质分为有机和无机两大类，有机聚合物有醋酸纤维素、聚丙烯、聚碳酸酯、聚砜、聚酰胺等；无机膜材料有陶瓷和金属等。鉴于微孔滤膜的分离特征，微孔滤膜的应用范围主要是从气相和液相中截留微粒、细菌以及其他污染物，以达到净化、分离、浓缩的目的。在膜两侧静压差的作用下，小于膜孔的粒子能透过膜，大于膜孔的粒子被截留在膜的表面上。对于微滤而言，膜的截留特性是以膜的孔径来表征，通常孔径范围为 $0.1\sim1\mu m$，故微滤膜能对大直径的菌体、悬浮固体等进行分离。微滤可作为一般料液的澄清、保安过滤、空气除菌。

2. 超滤

超滤（UF）是介于微滤和纳滤之间的一种膜过程，膜孔径范围为 $0.05\mu m\sim1nm$。超滤是一种能够将溶液进行净化、分离、浓缩的膜分离技术，超滤过程通常可以理解成与膜孔径大小相关的筛分过程。以膜两侧的压力差为驱动力，以超滤膜为过滤介质，在一定的压力下，当水流过膜表面时，只允许水及比膜孔径小的小分子物质通过，达到溶液的净化、分离、浓缩的目的。对于超滤而言，膜的截留特性是以对标准有机物的截留分子量来表征，通常截留分子量范围在 $1000\sim300000$，故超滤膜能对大分子有机物（如蛋白质、细菌）、胶体、悬浮固体等进行分离，广泛应用于料液的澄清、大分子有机物的分离纯化、除热源。

超滤起源于 1748 年，是用棉花胶膜或璐膜分滤溶液，在一定压力的作用下溶液（水）透过膜，而蛋白质、胶体等物质则被截留下来。其过滤精度远远超过滤纸，由此出现超滤概念。到 20 世纪 80 年代末，超滤进入工业化生产和应用阶段。

超滤膜根据膜材料的不同可以分为有机膜和无机膜。

（1）有机膜。有机膜主要由高分子材料制成，如醋酸纤维素、芳香族聚酰胺、聚醚砜、聚偏氟乙烯等等。根据膜形状的不同，可分为平板膜、管式膜、中空纤维膜等（图 3-4）。市面上家用净水器用的膜基本上都是中空纤维膜。

（a）平板膜组件

（b）管式膜

（c）中空纤维膜

图 3-4　有机膜

（2）无机膜。无机膜主要是陶瓷膜和金属膜。其中，陶瓷超滤膜虽然寿命长、耐腐蚀，但出水有异味，影响口感，同时陶瓷膜易堵塞，不易清洗，而中空纤维超滤膜由于其填充密度大、有效膜面积大、纯水通量高、操作简单易清洗等优势，被广泛应用于家用净水行业。

3. 纳滤

纳滤（NF）是介于超滤与反渗透之间的一种膜分离技术，其截留分子量在 80~1000 的范围内，孔径为几纳米，因此称纳滤。基于纳滤分离技术的优越特性，其在制药、生物化工、食品工业等诸多领域显示出广阔的应用前景。对于纳滤而言，膜的截留特性是以对标准 $NaCl$、$MgSO_4$、$CaCl_2$ 溶液的截留率来表征，通常截留率范围为 $60\% \sim 90\%$，相应截留分子量范围在 100~1000，故纳滤膜能对小分子有机物等与水、无机盐进行分离，实现脱盐与浓缩的同时进行。

4. 反渗透

反渗透（RO）是利用反渗透膜只能透过溶剂（通常是水）而截留离子物质或小分子

物质的选择透过性，膜孔径为 1nm，与其他压力驱动的膜过程相比，反渗透是最精细的过程，又称"高滤"，可截留 0.1~1nm 的小分子物质。以膜两侧静压为推动力，实现对液体混合物分离的膜过程。反渗透是膜分离技术的一个重要组成部分，因具有产水水质高、运行成本低、无污染、操作方便运行可靠等优点而成为海水和苦咸水淡化，以及纯水制备的最节能、最简便的技术，已广泛应用于医药、电子、化工、食品、海水淡化等诸多行业。反渗透技术已成为现代工业中首选的水处理技术。反渗透的截留对象是所有的离子，仅让水透过膜，对 NaCl 的截留率在 98% 以上，出水为无离子水。反渗透法能够去除可溶性的金属盐、有机物、细菌、胶体粒子、发热物质，即能截留所有的离子，在生产纯净水、软化水、无离子水、产品浓缩、废水处理方面反渗透膜已经应用广泛，如垃圾渗滤液的处理。这几类膜的分离范围如图 3-5 所示。

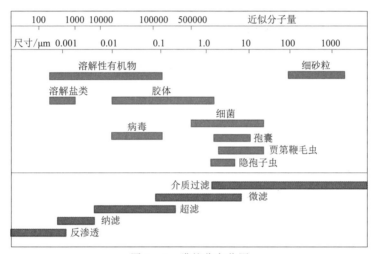

图 3-5　膜的分离范围

3.2　给水处理模块的类型

给水处理模块设备的核心部件是膜组件（图 3-6）。为工程营地设计的给水处理模块膜组件选用的就是超滤膜（UF）。

为工程营地设计的给水处理模块分为两种，分别是基座式给水处理模块（图 3-7）和集装箱式给水处理模块（图 3-3），需要注意的是当地水质含离子高的话，需要在以上两种模块中增加反渗透装置。

1. 基座式给水处理模块

基座式给水处理模块主要包括超滤膜组件、止回阀、碟片过滤器、电控箱（控制设备）、压力表、流量计、调节阀、水泵、管道等。以某厂家设备为例，超滤膜组件的进水、出水和浓水接口采用 Victaulic（唯特利）连接方式，超滤膜组件下部的进水端盖可以承重。安装时，先将组件垂

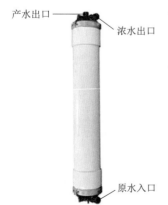

图 3-6　膜组件

图 3-7　基座式给水处理模块

直放在设备上，并将组件的进水口、出水口、浓水口与设备上相应的接管对齐。然后用 victaulic（唯特利）将组件接口与设备上的接口进行连接，最后用 PVC 卡箍把组件本体垂直固定在设备上。

集装箱式给水处理模块含有两组膜组件，一级储水箱的水经原水泵进入叠片过滤器，然后在水压的作用下通过膜组件，过滤后的水进入二级储水箱，污水通过排污管道排出。

在营地中，需要为基座式给水处理模块设计合理的设备间，设备间要通风良好。一般情况下设备要安装在混凝土基础上，也可以安装在设备间的平地上，基础和地面要保持水平。基础设备占地尺寸参见附录 1。

为了稳定原水泵吸入水量，设备前的一级储水箱与原水泵进口之间的管道越短越好。设备后的二级储水箱与设备的反洗泵吸入口之间的管道越短越好。接冲洗排污管时可按下列情形实施：①若不作为其他用途时可从超滤设备排污口接上水管排入地沟；②若用于冲洗马桶、洗车、浇灌草坪和其他用途时可从超滤设备排污口接入。当营地采用一级、二级储水箱时，根据营地实际情况设计合理的解决方案。

基座式给水处理模块运行控制方式有自动控制和手动控制两种。当对设备进行调试时，要切换到手动控制模式。具体调试流程如下：

（1）打开控制箱，接通设备控制电源。

（2）将运行模式调制为"手动控制"，然后将"泵"与"阀门"的开关旋转到"手动"档，那么设备上的"泵"和阀门"可以单独进行启停控制。

（3）过滤时，进水调节阀全开，并打开浓水电磁阀，其他阀门关闭。启动原水泵，冲洗超滤膜组件 30～60min，再打开产水电磁阀和产水调节阀，随后关闭浓水电磁阀。调整进水调节阀使原水流量计指示的流量达到设计量，并且流量能稳定 5min。

（4）以上操作完成后，进入反洗流量调整。反洗调节阀全开，打开浓水电磁阀、反洗排污电磁阀，其他阀门关闭。启动反洗泵，调节反洗调节阀使反流量计指示的流量达到设计反洗流量，并且流量能稳定 3min。

（5）上述调试完成，设备运行可调至"自动控制"模式。

基座式给水处理模块核心部分就是超滤膜组件。膜组件的维护和保养也很重要。

不论在任何时间，膜组件腔体内都要充水或保护液来保持膜湿润，防止膜脱水。当停机时间不超过 7 天时，可每天对设备进行 30～60min 的保护性运行（停机前要反洗），以使新鲜的水替换设备管道内的存水；当设备长期停用时，应先对组件进行彻底的清洗和消毒，然后将膜保护剂或抑菌剂注入设备中，关闭设备所有接口以保持膜的湿润，防止设备内滋生细菌等微生物。

当超滤膜组件连续运行一段时间后，透膜压差 $[(P_{进水}+P_{浓水})/2-P_{产水}]$ 会有所升高，当过滤时跨膜压差不小于 0.12MPa 时，需要进行化学清洗。先酸洗再碱洗，最后消毒。当冬天停止运行时，应向设备中注入防冻剂。

酸洗：一般采用 0.5%～1%浓度的盐酸溶液，与超滤组件浓水侧循环，持续时间约半个小时，然后浸泡 1～2h。冲洗完毕，进行下一步化学清洗。

碱洗：一般采用 0.5%～2%氢氧化钠溶液清洗，清洗步骤同酸洗，循环时间可根据实际情况适当延长。

消毒：采用 200mg/L NaClO 溶液，循环 30min，冲洗排放。

酸洗、碱洗、消毒等膜药剂的配制见表 3-1。

表 3-1　　　　　　　　　膜药剂的配制（建议使用常见的清洗液及保护液）

名称	成　分	每 100L 超滤水中的加入量	用　途	备　注
清洗液	0.5%～1%盐酸	2～3.5L 市售盐酸（按市售盐酸为 30%计算）	适用于北方地区硬度较高的河水和地下水及含铁量高的地下水	推荐采用化学纯盐酸
	0.5%～2%氢氧化钠	0.5～2kg 固体氢氧化钠	适用于有机物含量较高的地表水	
消毒剂	200mg/L NaClO 溶液	0.4L 市售 NaClO 溶液（按市售 NaClO 为 6%计算）	适用于消毒	
抑菌剂	1%亚硫酸钠	1kg 固体亚硫酸钠	适用于短期停机保护	
防冻保护剂	20%甘油，0.9%亚硫酸钠	20L 甘油，0.9kg 固体亚硫酸钠	低温防冻	

在日常运行中，要保持设备间通风良好。控制箱要定期（1～2 周）进行清理和整理，设备每运行 2 周需要停机检查，检查开关接触是否良好，压线螺丝是否松动，管道是否有漏水，阀门动作是否顺利，有无卡涩、误动作等现象。

基座式给水处理模块设备正常运行需满足表 3-2 的要求。

表 3 - 2　　　　　　　　基座式给水处理模块设备运行参数

参　　　数	数　　　值
最大跨膜压差 TMP_{max}/MPa [TMP_{max}＝（进水压力＋浓水压力）/2 －产水压力]	0.2
反洗最大跨膜压差/MPa	0.15
最大进水压力/MPa	0.35
运行跨膜压差/MPa	0.04～0.08
进水温度/℃	5～38
进水浊度/NTU	≤10
进水 pH 值	2～13

　　基座式给水处理模块设备在自动运行过程中泵和自动阀门的工作状态通过控制箱相应旋钮开关的指示灯作出相应显示，旋钮开关绿色指示灯亮表示相应的泵或阀门处于开启状态，液位报警指示灯亮表示一级储水箱内的液位处于低液位或二级储水箱内的液位处于高液位或低液位。当一级储水箱处于低液位时，液位报警指示灯亮，设备停止产水并进入"待机"状态；当二级储水箱处于高液位时，液位报警指示灯亮，设备停止产水并进入"待机"状态；二级储水箱处于低液位时，反洗泵会保护性停止；液位恢复正常后，设备将自动恢复到正常运行状态。一体化设备在一般调试、运行时出现的问题、原因以及处理方法见表 3 - 3。

表 3 - 3　　　　　　　　常见问题原因及处理方法

序号	现象及故障	原　　因	排出方法
1	出水水量变小	水压低	增加水压
		冲洗和反冲洗程序不适应	根据具体情况调整程序
		叠片过滤器堵塞	取出叠片滤芯清洗
		水泵进水有气	打开水泵排气螺丝排气
2	超滤净化水变浑浊	膜破损	检漏、补漏
		O 形密封圈处漏水	更换 O 形密封圈
3	管道活接、丝口处漏水	O 形密封圈处未压紧	调整 O 形密封圈
		丝口处未拧紧	增加生料带
4	超滤水有异味	超滤设备长期停用，管道未消毒	反复冲洗或用厂家专用消毒剂消毒
5	超滤待机	一级储水箱低水位	等待一级储水箱非低水位
		二级储水箱高水位	等待二级储水箱非高水位

　　2. 集装箱式给水处理模块
　　集装箱式给水处理模块设备是将超滤膜组件、止回阀、碟片过滤器、电控箱（控制设备）、压力表、流量计、调节阀、水泵、管道等安装于 20 英尺或 40 英尺标准集装箱内，根据集装箱内空间的大小放置一级、二级储水箱。

集装箱式给水处理模块设备（图 3-3）是一款用于处理中小水量的一体化给水处理设备。该集装箱式给水处理模块设备是空间与技术合理的统一，具有以下功能特点：

（1）工艺灵活，即接即用，适用于多种水源，可长时间稳定运行。

（2）全自动化运行，远程联网监测控制，操作方便，无需专人值守。

（3）运行灵活，可根据需求调整产水量，节约成本。

（4）集装箱式设计，占地面积小、移动方便，可根据需要更换安放点，也可多处共用一套处理设备，巡回使用，节省设备投资。

（5）工程投入低，仅需集装箱基础，将进出水管道直接与该设备连接即可正常运行。

（6）操作压力仅为 0.03MPa 左右，能耗低。

（7）高抗污染的聚偏氟乙烯（PVDF）膜材料，耐氧化，易清洗，使用寿命长。

（8）系统产水水质高且水质稳定，在处理地表水、地下水和海水等原水时优势十分明显，可以保证反透系统的长期连续运行并延长反渗透系统的使用寿命。

（9）在集装箱墙板上预留好管道连接的法兰盘，尺寸不超过集装箱，满足船级社对集装箱海运的要求。

集装箱式给水处理模块设备进出水水质参数见表 3-4，设备运行方式的全量过滤，清洗采用在线气洗的方式。设备运行温度为 45℃，运行压力为 0.8bar。

表 3-4 　　　　　　集装箱式给水处理模块设备进出水水质参数

进 水 水 质 参 数		产 水 水 质 参 数	
水源	河水、湖水、地下水	TSS/(mg/L)	≤1
pH 值	2~12	SDI	<3
浊度/NTU	<300	浊度/NTU	≤0.1
最大粒径/mm	≤0.55	大肠杆菌群	未检出
油脂含量/(mg/L)	<2		

集装箱式给水处理模块设备产品配置见表 3-5。

表 3-5 　　　　　　　　　产 品 配 置 表

型　　号	处理量/(m³/d)	尺寸/ft	供电电源
JZCBT-200	200	ISO 20（GP）	380V/50Hz
JZCBT-250	250	ISO 20（GP）	380V/50Hz
JZCBT-300	300	ISO 20（GP）	380V/50Hz
JZCBT-350	350	ISO 20（GP）	380V/50Hz
JZCBT-400	400	ISO 20（GP）	380V/50Hz

集装箱式给水处理模块设备内部构造如图 3-8 所示。内部空间的布置根据项目需要进行设计。在进行工艺设计时，需要掌握当地水质检测报告。

图 3-8　集装箱式给水处理模块设备内部构造

基座式给水处理模块和集装箱式给水处理模块均可以实现物联网，远程对给水处理设备进行实时监控，能够及时发现异常的运行情况，从而通知检修维护人员快速维修。

3.3　给水处理模块的选型

模块给水处理的选型首先要确定营地的用水量。营地的用水主要包括综合生活用水量、浇洒道路和绿地用水量、管网漏损水量、未预见水量以及消防用水量等，给水处理模块的规模应按以上最高日用水之和确定。

1. 综合生活用水量

$$Q_d = m q_d \tag{3-1}$$

式中　Q_d——营地的综合生活最高日用水量，m^3/d；

　　　　m——营地生活的人数，人，一般情况下，营地按人数划分为 100 人营地、150 人营地、200 人营地、300 人营地、500 人营地、1000 人营地、1500 人营地等；

　　　　q_d——营地综合生活最高日用水定额，$q_d = 150 \sim 240 L/(人 \cdot d)$。

一般情况下 q_d 按上述范围进行取值。营地的居民生活用水定额和综合生活用水定额应根据当地国民经济和社会发展、水资源充沛程度、用水习惯，在现有的用水定额基础上，结合营地总体规划和给排水专业规划，本着节约用水的原则，综合分析确定。当缺乏实际用水资料的情况下，可按附表 1-3、附表 1-4 选用。

根据式（3-1）可得出表 3-6。

表 3-6 营地综合生活用水量

营地大小（按人数分类）/人	供水规模下限/(m³/d)	供水规模上限/(m³/d)	平均供水规模/(m³/d)
	最高日	最高日	最高日
	人均以 150L/(人·d)	人均以 240L/(人·d)	人均以 195L/(人·d)
100	15	24	19.5
150	22.5	36	29.25
200	30	48	39
300	45	72	58.5
500	75	120	97.5
1000	150	240	195
1500	225	360	292.5

2. 浇洒道路和绿地用水量

浇洒道路和绿地用水量与营地的道路面积和绿化面积有关，公式为

$$Q_{jl} = k_1 S_j + k_2 S_l \tag{3-2}$$

式中 Q_{jl}——营地的浇洒道路和绿地用水量，m^3/d；

k_1——按 $2.0 \sim 3.0L/(m^2 \cdot d)$ 取值；

k_2——按 $1.0 \sim 3.0L/(m^2 \cdot d)$ 取值。

根据式（3-2）可计算出表 3-7。

表 3-7 浇洒道路和绿地用水量

营地大小（按人数分类）/人	面 积			用水量/(m³/d)
	营地面积/m²	道路面积/m²	绿化面积/m²	
100	4500	1100	1350	5.45
150	7200	1730	2160	8.65
200	9800	2360	2950	11.8
300	14700	3530	4410	17.65
500	24500	5580	7350	28.65
1000	50000	12500	15500	62.25
1500	76000	19500	22900	94.55

注 1. 表中营地面积、道路面积和绿化面积根据实际项目可得。

2. 浇洒道路和绿地用水量应根据路面、绿化、气候和土壤等条件确定。

3. 浇洒道路用水可按浇洒面积以 $2.5L/(m^2 \cdot d)$ 计算；浇洒绿地用水可按浇洒面积以 $2L/(m^2 \cdot d)$ 计算。

3. 管网漏损水量

管网漏损水量与综合生活用水量、浇洒道路和绿地用水量有关，公式为

$$Q_s = k_3 (Q_d + Q_{jl}) \tag{3-3}$$

式中　Q_s——营地的管网漏损水量，m^3/d；

　　　　k_3——系数，按 $10\% \sim 12\%$ 进行取值；

　　　　Q_d——营地的综合生活平均日用水量，m^3/d；

　　　　Q_{jl}——营地的浇洒道路用水量，m^3/d。

根据式（3-3）可计算出表 3-8。

表 3-8　　　　　　　　　　　　　管 网 漏 损 水 量　　　　　　　　　　单位：m^3/d

营地大小（按人数分类）/人	综合生活用水量	浇洒道路和绿地用水量	漏损水量（取 10%）
100	15	5.45	2.05
150	22.5	8.65	3.12
200	30	11.8	4.18
300	45	17.65	6.27
500	75	28.65	10.37
1000	150	62.25	21.23
1500	225	94.55	31.96

注　表中的计算结果 k_3 按 10% 进行取值，当单位管长供水量小或供水压力高时可适当增加。

4. 未预见水量

未预见水量根据综合生活用水量、浇洒道路和绿地用水量和管网漏损水量有关。

$$Q_w = k_4 (Q_d + Q_{jl} + Q_s) \tag{3-4}$$

式中　Q_w——营地的未预见水量，m^3/d；

　　　　k_4——系数，按 $8\% \sim 12\%$ 进行取值；

　　　　Q_d——营地的综合生活平均日用水量，m^3/d；

　　　　Q_{jl}——营地的浇洒道路用水量，m^3/d；

　　　　Q_s——营地的管网漏损水量，m^3/d。

根据式（3-4）可计算出表 3-9。

表 3-9　　　　　　　　　　　　　未 预 见 水 量　　　　　　　　　　单位：m^3/d

营地大小（按人数分类）/人	综合生活用水量	浇洒道路和绿地用水量	管网漏损水量	未预见水量（取 8%）
100	15	5.45	2.05	1.8
150	22.5	8.65	3.12	2.74
200	30	11.8	4.18	3.68
300	45	17.65	6.27	5.51
500	75	28.65	10.37	9.12
1000	150	62.25	21.23	18.68
1500	225	94.55	31.96	28.12

注　未预见水量应根据水量预测时难以预见因素的程度确定，表中的计算结果 k_4 按 8% 进行取值。

5. 消防用水量

消防用水量 Q_x、水压及延续时间等应按我国现行标准《建筑设计防火规范》（GB 50016）及《高层民用建筑设计防火规范》（GB 50045）等防火规范执行。如营地消防设计要满足其他国家标准时，需特殊考虑。

综合以上用水量可以计算出营地的用水量，即

$$Q_z = Q_d + Q_{jl} + Q_s + Q_w + Q_x \tag{3-5}$$

根据式（3-5）可计算出表 3-10。

表 3-10　　　　　　　　　　营 地 用 水 量　　　　　　　　　单位：m³/d

营地大小 （按人数分类）/人	综合生活用水 最高日用水量	浇洒道路和 绿地用水量	管网漏损水量	未预见水量	消防用水量	营地用水量
100	15	5.45	2.05	1.8		24.3
150	22.5	8.65	3.12	2.74		37.01
200	30	11.8	4.18	3.68		49.66
300	45	17.65	6.27	5.51		74.43
500	75	28.65	10.37	9.12		123.14
1000	150	62.25	21.23	18.68		252.16
1500	225	94.55	31.96	28.12		379.63

注　消防用水量根据营地建筑和营区规划，结合相应标准综合计算得出，此表计算不含消防用水量。

理论上给水处理设备的处理量为综合生活用水量，浇洒道路和绿地用水以及消防用水不需要进行给水处理。但通常情况下，为了给水系统的简单化，浇洒道路和绿地用水以及消防用水都是通过给水处理后来提供的，即给水处理设备的处理量为营地用水量。如果营地所在国家（地区）非常缺水，那么给水处理设备的处理量为综合生活用水量，其浇洒道路和绿地用水以及消防用水由污水处理后的中水、雨水来提供。浇洒道路和绿地用水以及消防用水要满足《城市污水再生利用　城市杂用水水质》（GB/T 18920）的规定，见表 4-16。

通过公式的计算可以得到营地的日用水量。要选用合适的给水处理设备，首先要确定水源，根据水源和水质来确定设备合适的运行时间、处理量、水箱的大小。根据项目的特点、要求，来选择采用基座式给水处理模块，还是采用集装箱式给水处理模块。

根据以上计算得出的工程营地日供水量，参考给水处理模块的型号，选择出具体的设备规格，见表 3-11。

表 3-11　　　　　　　　　工程营地给水处理模块选型表

营地大小（按人数分类）/人	营地用水量/(m³/d)	设备型号
100	24.3	JZMK-Ⅱ-B
150	37.01	JZMK-Ⅱ-B
200	49.66	JZMK-Ⅲ-B

续表

营地大小（按人数分类）/人	营地用水量/(m³/d)	设备型号
300	74.43	JZMK-Ⅲ-B 或 JZMK-Ⅰ-A
500	123.14	JZMK-Ⅳ-B 或 JZMK-Ⅰ-A
1000	252.16	JZMK-Ⅱ-A 或 JZCBT-250
1500	379.63	JZMK-Ⅲ-A 或 JZCBT-400

注　1. 由于每个厂家生产出来的膜组件不同，其设备的产水量也不同。

　　2. 设备型号的具体参数详见附录1。

　　3. 给水处理设备处理的水质标准一般达到中国的生活饮用水标准，供国内管理、施工人员使用；当设备出水要达到当地标准时，应另行设计。

第 4 章

营地污水处理

4.1 污水的类型、性质及指标

城市污水由综合生活污水、工业废水和渗入地下水三部分组成。在合流制排水系统中，还包括被截留的雨水。营地中没有工业，因此营地的污水由综合生活污水和地下水两部分组成，雨水会设计雨水排水系统排出营地。如果营地是在水资源缺乏的地区，可以将雨水与污水合流，经处理达到中水标准后再利用。

营地的生活污水是营区内生活活动所产生的污水。主要是卫生间、洗涤、洗澡以及厨房产生的污水。综合生活污水由营区内人们生活污水和公共建筑（办公、娱乐）污水组成。

营地污水的性质特征主要与营区内人们的生活习惯、当地的气候条件，以及采用的排水体制等因素有关。营地污水的一般物理性质、化学性质、生物性质及其污染指标如下：

1. 污水的物理性质及指标

污水物理性质的主要指标是水温、色度、臭味、固体含量等。

（1）水温。污水的水温对污水的物理性质、化学性质及生物性质有直接的影响。所以水温是污水水质的重要物理性质指标之一。污水的水温过低（如低于5℃）或高于（如高于40℃）都会影响污水生物处理的效果。

（2）色度。营地生活污水的颜色常呈现为灰色。当污水中的溶解氧降低至零时，污水所含的有机物就会腐烂，污水就会呈现出黑褐色，同时伴有臭味。色度会让人感觉不舒服。

（3）臭味。营地生活污水的臭味主要是污水中有机物腐败产生的气体造成的。臭味大致有鱼腥味 [氨类，CH_3NH_2，（CH_3N）]、氨臭（氨气，NH_3）、腐肉臭 [二元胺类，$NH_2(CH_2)_4NH_2$]、腐蛋臭（硫化氢，H_2S）、腐甘蓝臭 [有机硫化物，（$CH_3)_2S$]、粪臭等臭味（甲基吲哚，$C_3H_5NHCH_3$）。臭味首先给人以感观不悦，其次会危及人体健康，如呼吸困难、倒胃胸闷、呕吐等。臭味是物理性质的重要指标。

（4）固体含量。按固体存在的不同形态可以将营地污水的固体物质分为悬浮物、胶体和溶解物三种；按性质可以分为有机物、无机物和生物体三种。固体含量用总固体量作为指标（英语缩写为 TS）。一定量水样在 $105 \sim 110℃$ 烘箱中烘干至恒重，所得的重量即为总固体量。

悬浮物，即悬浮固体。颗粒粒径在 $0.1 \sim 1.0 \mu m$ 之间称为细分散悬浮固体；颗粒粒径大于 $1.0 \mu m$ 称为粗分散悬浮固体。悬浮固体由有机物和无机物组成，所以又可以将悬浮固体分为挥发性悬浮固体（VSS）和非挥发性悬浮固体（NVSS）。生活污水中，前者约占 70%，后者约占 30%。

胶体，颗粒粒径范围为 $0.001 \sim 0.1 \mu m$。

溶解固体（DS）即溶解物，是由有机物和无机物组成的。营地的生活污水中溶解的有机物有尿素、淀粉、糖类、脂肪、蛋白质及洗涤剂等，溶解的无机物有无机盐（如碳酸盐、硫酸盐、铵盐、磷酸盐）和氯化物等。

2. 污水的化学性质及指标

营地污水中的污染物质，按化学性质分为无机物和有机物。无机物指标包括 pH 值、氮、磷、无机盐类及重金属离子等。有机物主要来源于营地人们的排泄物及生活活动产生的废弃物、动植物残片等，主要成分是碳水化合物、蛋白质、脂肪与尿酸，组成元素是碳、氢、氧、氮和少量的硫、磷、铁等。

（1）酸碱度。酸碱度用 pH 值表示。pH 等于氢离子浓度的负对数。pH<7 时，污水呈酸性，数值越小，酸性越强；pH=7 时，污水呈中性；pH>7 时，污水呈碱性，数值越大，碱性越强。当 pH 值超出 6~9 的范围时，污水会对人、畜造成一定的危害，同时也对污水的物理、化学及生物处理产生不利影响。尤其是当 pH<6 时，污水会腐蚀构筑物及设备。因此酸碱度是污水化学性质的重要指标。

（2）氮、磷。氮、磷是植物的重要营养物质，也是污水进行生物处理时微生物所需的营养物质。营地污水中的氮、磷主要来源于人类排泄物。氮、磷是导致湖泊、海湾、水库等缓流水体富营养化的主要物质，是废水处理的重要控制指标。

（3）非金属无机有毒物质。非金属无机有毒物质主要是氰化物（CN）和砷（As）。氰化物是剧毒物质，急性中毒时抑制细胞呼吸，造成人体组织严重缺氧，人体摄入致死量是 $0.05 \sim 0.12g$。其主要来源于电镀、焦化、高炉煤气、制革、塑料、农药以及化纤等工业废水。砷是对人体毒性作用比较严重的有毒物质之一。当饮水中砷的含量大于 0.05mg 时就会导致其在人体内积累。砷也是致癌元素（皮肤癌），主要来源于化工、有色冶金、焦化、火力发电、造纸及皮革等工业废水。

（4）重金属。重金属指原子序数在 21~83 之间的金属或相对密度大于 4 的金属。污水中的重金属主要有汞（Hg）、镉（Cd）、铅（Pb）、铬（Cr）、锌（Zn）、铜（Cu）、镍（Ni）、锡（Sn）、铁（Fe）、锰（Mn）等，其中汞（Hg）、镉（Cd）、铅（Pb）、铬（Cr）毒性最大，危害也最大。营地生活污水中的重金属主要来源于人们的排泄物。上述重金属离子在微量浓度时，有益于生物、动植物以及人类，但当浓度超过一定值后，即会产生毒害作用。

（5）生物化学需氧量（BOD）。BOD 是一个反映水中可生物降解的含碳有机物的含量及其排到水体后产生的耗氧影响的指标。它表示在温度 20℃ 和有氧的条件下，由于微生物（主要是细菌）的生活活动，将有机物氧化成无机物所消耗的溶解氧量，也称为生化需氧量，单位为 mg/L。BOD 不仅包括水中好氧微生物的增长繁殖和呼吸作用所消耗的氧量，还包括硫化物、亚铁等还原性无机物所耗用的氧量，但这一部分占比通常很小。BOD 越高，表示污水中可生物降解的有机物越多。污水中可降解有机物的转化与温度、时间有关。在 20℃ 的自然条件下，在完成碳氧化阶段和硝化阶段后达到稳定分解后所需的时间在 100d 以上，因此常用 20d 的生化需氧量 BOD_{20} 作为总生化需氧量 BOD_u，但在工程实用上，20d 时间太长，所以用 5d 生化需氧量 BOD_5 作为可生物降解有机物的综合浓度指标。

尽管 BOD_5 作为污水中常用的有机物浓度指标，但是存在以下缺点：①5d 的测定时间过长，难以及时指导实践；②污水中难生物降解的物质含量高时，BOD_5 测定误差较大；③某些工业废水中不含微生物生长所需的营养物质，或者含有抑制微生物生长繁殖的物质时，影响测定结果。为了克服以上缺点，采用化学需氧量（COD）这一指标。

（6）化学需氧量（COD）。是指在酸性条件下，用强氧化剂重铬酸钾将污水中的有机物氧化为 CO_2、H_2O 所消耗的氧量，用 COD_{Cr} 表示，一般写成 COD，单位为 mg/L。COD 的优点是能更准确地表示污水中有机物的含量，并且所需的测定时间短，也不受水质的限制；缺点是不能像 BOD 那样表示出污水中微生物氧化的有机物量，另外污水中存在的还原性无机物也被氧化，所以 COD 值也存在误差。

3. 污水的生物性质及指标

污水生物性质的检测指标有大肠菌群数（或称大肠菌群值）、大肠菌群指数、病毒及细菌总数。

（1）大肠菌群数（大肠菌群值）与大肠菌群指数。大肠菌群数（大肠菌群值）是每升水样中所含有的大肠菌群的数目，以个/L 计；大肠菌群指数是查出 1 个大肠菌群所需的最少水量，以毫升（mL）计。由此可见大肠菌群数与大肠菌群指数是互为倒数，即

$$大肠菌群指数 = \frac{1000}{大肠菌群数}(mL) \qquad (4-1)$$

如大肠菌群数为 250 个/L，则大肠菌群指数为 1000/250＝4mL。

大肠菌群数作为污水被粪便污染程度的卫生指标的原因如下：①大肠菌与病原菌都存在于人类肠道系统内，它们的生活习性及在外界环境中的存活时间基本相同。每人每日排泄的粪便中含有大肠菌 $1 \times 10^{11} \sim 4 \times 10^{11}$ 个，数量大大多于病原菌，但对人体无害；②大肠菌的数量多，且容易培养检验，但病原菌的培养检验十分复杂和困难。因此，常采用大肠菌群数作为卫生指标。水中存在大肠菌，就表明受到粪便的污染，并可能存在病原菌。

（2）病毒种类。污水中已被检测出的病毒有 100 多种。检测出有大肠菌，可以表明污水中有肠道病原菌的存在，但是不能表明是否存在病毒及其他病原菌（如炭疽杆菌），因此还需要检验病毒的指标。病毒的检验方法目前主要有数量测定法和蚀斑测定法。

（3）细菌总数。细菌总数是大肠菌群数，病原菌、病毒及其他细菌数的总和，以每毫升水样中的细菌菌落总数表示。细菌总数越多，表示病原菌与病毒存在的可能性越大。因此用大肠菌群数。病毒数及细菌总数这 3 个卫生指标来评价污水受生物污染的严重程度。

4.2 水污染物排放标准

1. 国内标准

目前一部分海外工程营地污水处理的污染物排放标准按《城镇污水处理厂污染物排放标准》（GB 18918）执行。该标准是由中国原国家环境保护总局和国家技术监督检验总局批准发布的，规定了城镇污水处理厂出水、废气排放和污泥处置（控制）的污染物限值，适用于城镇污水处理厂出水、废气排放和污泥处置（控制）的管理；居民小区和工业企业内独立的生活污水处理设施污染物排放管理也按本标准执行。

该标准根据污染物的来源及性质，将污染物控制项目分为基本控制项目和选择控制项目两类。基本控制项目主要包括影响水环境和城镇污水处理厂一般处理工艺可以去除的常规污染物，以及部分一类污染物，共 19 项。选择控制项目包括对环境有较长期影响或毒性较大的污染物，共 43 项。基本控制项目必须执行，选择控制项目，由营地所在地的环保行政主管部门根据水环境质量要求选择控制。

该标准根据城镇污水处理厂排入地表水域环境功能和保护目标，以及污水处理厂的处理工艺，将基本控制项目的常规污染物标准值分为一级标准、二级标准、三级标准。一级标准分为 A 标准和 B 标准。一类重金属污染物和选择控制项目不分级。

一级标准的 A 标准是城镇污水处理厂出水作为回用水的基本要求。当污水处理厂出水引入稀释能力较小的河湖作为城镇景观用水和一般回用水等用途时（营地在缺水的环境，需要对雨水污水循环使用时），执行一级标准的 A 标准。

城镇污水处理厂出水排入《地表水环境质量标准》（GB 3838）地表水 Ⅲ 类功能水域（划定的饮水水源保护区和游泳区除外）、《海水水质标准》（GB 3097）海水二类功能水域和湖、库等封闭或半封闭水域时，执行一级标准的 B 标准。GB 3838 地表水的水域功能和标准分类见附录 3。

城镇污水处理厂出水排入 GB 3838 地表水 Ⅳ、Ⅴ 类功能水域或 GB 3097 海水三类、四类功能海域时执行二级标准。GB 3097 海水的水域功能和标准分类见附表 3。

非重点控制流域和非水源保护区的建制镇的污水处理厂，根据当地经济条件和水污染控制要求，采用一级强化处理工艺时，执行三级标准。但必须预留二级处理设施的位置，分期达到二级标准。

城镇污水处理厂污染物排放基本控制项目执行表 4-1 和表 4-2 的规定。选择控制项目按表 4-3 的规定执行。

表 4-1　　　　　　　　基本控制项目最高允许排放浓度（日均值）　　　　　单位：mg/L

序号	基本控制项目	一级标准		二级标准	三级标准
		A 标准	B 标准		
1	COD	50	60	100	120①
2	BOD₅	10	20	30	60①

序号	基本控制项目		一级标准		二级标准	三级标准
			A标准	B标准		
3	SS		10	20	30	50
4	动植物油		1	3	5	20
5	石油类		1	3	5	15
6	阴离子表面活性剂		0.5	1	2	5
7	总氮（以 N 计）		15	20	—	—
8	氨氮（以 N 计）②		5（8）	8（15）	25（30）	—
9	总磷（以 P 计）	2005 年 12 月 31 日前建设的	1	1.5	3	5
		2016 年 1 月 1 日起建设的	0.5	1	3	5
10	色度（稀释倍数）		30	30	40	50
11	pH 值		6～9			
12	粪大肠菌群数/（个/L）		10^3	10^4	10^4	—

① 下列情况下按去除率指标执行：当进水 COD>350mg/L 时，去除率应大于 60%；当 BOD>160mg/L 时，去除
率应大于 50%。

② 括号外的数值为水温高于 12℃时的控制指标，括号内数值为水温不高于 12℃时的控制指标。

表 4-2　　　　　部分一类污染物最高允许排放浓度（日均值）　　　　单位：mg/L

序　号	项　目	标准值	序　号	项　目	标准值
1	总汞	0.001	5	六价铬	0.05
2	烷基汞	不得检出	6	总砷	0.1
3	总镉	0.01	7	总铅	0.1
4	总铬	0.1			

表 4-3　　　　　选择控制项目最高允许排放浓度（日均值）　　　　单位：mg/L

序号	选择控制项目	标准值	序号	选择控制项目	标准值
1	总镍	0.05	7	总硒	0.1
2	总铍	0.002	8	苯并（a）芘	0.00003
3	总银	0.1	9	挥发酚	0.5
4	总铜	0.5	10	总氰化物	0.5
5	总锌	1.0	11	硫化物	1.0
6	总锰	2.0	12	甲醛	1.0

续表

序号	选择控制项目	标准值	序号	选择控制项目	标准值
13	苯胺类	0.5	29	间-二甲苯	0.4
14	总硝基化合物	2.0	30	乙苯	0.4
15	有机磷农药（以 P 计）	0.5	31	氯苯	0.3
16	马拉硫磷	1.0	32	1，4-二氯苯	0.4
17	乐果	0.5	33	1，2-二氯苯	1.0
18	对硫磷	0.05	34	对硝基氯苯	0.5
19	甲基对硫磷	0.2	35	2，4-二硝基氯苯	0.5
20	五氯酚	0.5	36	苯酚	0.3
21	三氯甲烷	0.3	37	间-甲酚	0.1
22	四氯化碳	0.03	38	2，4-二氯酚	0.6
23	三氯乙烯	0.3	39	2，4，6-三氯酚	0.6
24	四氯乙烯	0.1	40	邻苯二甲酸二丁酯	0.1
25	苯	0.1	41	邻苯二甲酸二辛酯	0.1
26	甲苯	0.1	42	丙烯腈	2.0
27	邻-二甲苯	0.4	43	可吸附有机卤化物可吸（AOX 以 Cl 计）	1.0
28	对-二甲苯	0.4			

2. 美国标准

1948 年，美国国会制定了 *Federal Water Pollution Control Act*；1972 年，以名为 *Clear Water Act* 的修正案对 *Federal Water Pollution Control Act* 进行了大幅修订。*Clear Water Act* 规定，公共处理设施必须在 1977 年 7 月 1 日前达到二级处理设施标准。其污染物排放限值的确定有 2 个依据，一是基于技术，二是基于美国水环境的污染物指标设计采用多日平均值，如规定了常规污染指标 BOD_5、TSS 的 7d 平均限值或 30d 平均限值，30d 平均限值远小于 7d 平均限值，同时考虑污染物去除率。其 30d 平均限值相当于我国的日均值二级排放标准。这是联邦层面对公共污水处理设施污染物排放限值的要求，较为宽泛，按照国家污染物减排（National Pollutant Discharge Elimination Systems，NP-DES）许可证制度，联邦环保局（Environmental Protection Agency，EPA）授权各州各郡县的地方环保局根据当地水环境、水资源、企业布局、经济情况等制定不同的地区性排放标准。地区性排放标准也并非一刀切，不同的污水处理厂可以根据需要执行不同的排放标准。EPA 为公有污水处理厂建立了二级处理标准，这是市政污水处理厂基于技术的最低要求。表 4-4 是美国和中国污水处理厂二级处理标准的对比。

表 4-4 美国和中国污水处理厂二级处理标准对比 单位：mg/L

指标	美国二类标准		我国二类标准
	30d 平均值	7d 平均值	日均值
BOD₅	30	45	30
TSS	30	45	30
pH 值	6～9	6～9	6～9
去除率	30d 最大平均去除率不低于 85%	—	当进水 COD 对 350mg/L 时，去除率应大于 60%；BOD 大于 160mg/L 时，去除率应大于 50%

注 美国标准的 BOD_5 并不对应中国标准的 BOD_5。美国的 BOD_5 包括 $CBOD_5$ 和 $NBOD_5$，而中国的 BOD_5 仅指 $CBOD_5$。

3. 欧盟标准

为了对零散的水资源管理法规进行整合，欧盟于 2000 年颁布了《欧盟水框架指令》(Water Framework Directive)。其中，排污限定指令有《城市废水处理指令》（91/271/EEC）。该指令要求污水处理厂执行的排放标准见表 4-5，均为年均值，总氮与中国污水处理厂一级 A 排放标准相当，其余指标类似于中国的二级排放标准。该指令对欧盟成员国具有法律约束力，但并不等同于成员国的国内法，成员国可根据自己国家的水域特点、经济技术条件等制定更为严格的排放标准。

表 4-5 欧盟城镇污水处理指令

指标	BOD₅	SS	COD	总磷	总氮
年均值/(mg/L)	25	35	125	2	15
去除率/%	70～90	60	10	80	70～80

注 总氮是指凯氏氮（有机氮和氨氮）硝酸盐氮和亚硝酸盐氮的总和。

4. 日本标准

日本 1970 年颁布了《水质污浊防止法》，水质标准包括健康项目和生活环境项目两大类，采用浓度限值，允许地方根据当地水域特点制定地方排水限值标准。近年来为改善封闭性海域的水质，日本对工业集中、污染严重地区实施主要污染物总量限值制度，对各指定水域确定污染负荷量的总体削减目标量，再由都道府县知事据此确定所辖范围内的各污染源的削减目标量及削减方法，即采取浓度控制和总量控制相互结合的治理模式。日本各级地方政府对于执行标准控制污染的主动性很强，大多根据地方环境需要，制定和实施严于国家标准的地方标准。表 4-6 是日本环境项目排放标准。

表 4-6 日本环境项目排放标准 单位：mg/L

指 标	允 许 浓 度
pH 值	向海域排水 5.0～9.0；向海域外的公共水域排水 5.8～8.6
SS	200（日平均 150）

续表

指 标	允 许 浓 度
BOD	160（日平均 120）
COD	160（日平均 120）
氮	120（日平均 60）
磷	16（日平均 8）
粪大肠菌群	日平均 3000 个/cm³

5. 以色列标准

由于淡水资源极度匮乏，以色列对水资源的监管较为严格，出台了多部专门法律法规。以色列关于水环境保护及污水处理的主要法律有《水法》和《地方政府污水管理法》。此外，还包括《公共卫生条例》《河流和泉水管理机构法》和《规划和建筑法》。

1959 年颁布的《水法》是水资源管理的基本法，规定了全国水资源控制和保护的框架。《水法》规定，水资源均归国家所有，人人拥有用水权利，但不能使水资源盐化或者耗尽。土地所有者不具备流经其土地上的地表水、地下水的所有权。只有获得取水许可，才可以从个人土地上进行取水，未经授权，任何人不得非法取水。

1991 年，《水法》修订案中又增加了水污染防治的内容。规定"人人都应极力避免导致或可能导致水污染的任何行为，包括直接或间接的，短期的或长期的；若公民在其所有的地区内布置有生产水、供应水、运输水、储存水或向地下回灌水的设施，则其有责任采取一切必要措施来防止这类设施或其操作过程造成水污染"。

1962 年出台的《地方政府污水管理法》规定了地方政府在规划、建造和管理污水处理系统中的权利和义务，强调了地方政府维护污水处理系统良好运行的义务。

1965 年颁布的《河流和泉水管理机构法》授权环保部门，与地方和内政部门协商后可以建立一个协调机构负责特定河流或水源地的管理。

1981 年《公共卫生条例》规定了废水处理的有关内容，并对适用于灌溉废水的农作物列出了具体清单。

1992 年，以色列卫生部制定了一项污水卫生附加标准（$BOD_5 < 20mg/L$，且 $TSS < 30mg/L$）。该标准有助于降低使用污水带来的环境与健康影响。然而，以色列的污水处理厂不断地排放含各类污染物和大量盐类的污水，持续造成各类环境与健康问题。因此，实施更严格的污水处理标准和相关法规势在必行。以色列政府于 2000 年决定，要求环境保护部建立部际委员会，专门研究提高污水处理的标准问题。该部际委员会于 2001 年公布了用于不受限制灌溉和河流排放的污水处理标准，并于 2003 年进行了经济可行性测试和成本效益分析，这也为新标准的科学制定奠定了基础。2005 年，以色列内阁批准了部际委员会的标准。该标准于 2010 年取代了 1992 年的污水处理排放标准。新标准规定 36 个指标项，针对灌溉和入河排放设置了相应的指标限值，其适用范围包括：①一般用于无限制的农业灌溉用水和国内特定地区的灌溉用水；②被用作受限制农业区灌溉用的小型污水处理厂出水；③大型污水处理厂和小型污水处理厂排放于河流的出水。对比中以两国污水排放标准发现，不管是经处理后排入水体还是用于农业灌溉，以色列的标准（表 4-7）

均严于国内相应标准。

表 4-7 以 色 列 排 放 标 准

序 号	指 标	无限制灌溉	河 流
1	BOD_5/(mg/L)	10	10
2	TSS/(mg/L)	10	10
3	COD/(mg/L)	100	70
4	氨氮/(mg/L)	10	1.5
5	总氮/(mg/L)	25	10
6	总磷/(mg/L)	5	1
7	溶解氧/(mg/L)	<0.5	<3
8	pH 值	6.5~8.5	7.0~8.5
9	粪大肠杆菌/(MPN/100mL)	10	200
10	余氧/(mg/L)	0.8~1.5	0.05
11	电导率/(S/m)	1.4	
12	氯化物/(mg/L)	20	400
13	氟化物/(mg/L)	2	
14	钠/(mg/L)	150	200
15	SAR（钠吸收比率）/(mmol/L)	5	
16	硼/(mg/L)	0.4	
17	阴离子表面活性剂/(mg/L)	2	0.5
18	烃/(mg/L)		
19	砷/(mg/L)	0.1	0.1
20	汞/(mg/L)	0.002	0.0005
21	铬/(mg/L)	0.1	0.05
22	镍/(mg/L)	0.2	0.05
23	硒/(mg/L)	0.02	
24	铅/(mg/L)	0.1	0.05
25	镉/(mg/L)	0.01	0.005
26	锌/(mg/L)	2	0.2
27	铁/(mg/L)	2	
28	铜/(mg/L)	0.2	0.2
29	镁/(mg/L)	0.2	
30	铝/(mg/L)	0.5	
31	钼/(mg/L)	0.01	

续表

序号	指标	无限制灌溉	河流
32	钒/(mg/L)	0.1	
33	铍/(mg/L)	0.1	
34	钴/(mg/L)	0.05	
35	锂/(mg/L)	2.5	
36	氰化物/(mg/L)	0.01	0.005

6. 沙特阿拉伯标准

沙特阿拉伯地处沙漠地区，水资源匮乏，污水排放标准不同于中国。污水排放设计标准需要按照沙特皇家委员会的设计标准执行（大部分参考美标，也有小部分参考欧标），因此设计难度大，所以污水处理厂的出水必须达到皇家委员会污水排放标准（2010）。污水排放的具体指标见表4-8。

表4-8　　　　污水预处理标准在排放点向中央污水处理设施排放标准

参 数		朱拜勒标准最大限度排放值	延布标准最大24h平均值
物理指标	温度/℃	60	50
	总溶解固体/(mg/L)	2000	2500
	SS/(mg/L)	2000	500
化学指标	铝/(mg/L)	30	30
	氨，总氮/(mg/L)	120	40
	砷/(mg/L)	1.25	1
	钡/(mg/L)	2	2
	BOD/(mg/L)	—	800
	硼/(mg/L)	2.5	2.5
	镉/(mg/L)	0.5	0.5
	氯化物/(mg/L)	1000	400
	氯化烃/(mg/L)	0.5	0.5
	总铬/(mg/L)	5	3
	六价铬/(mg/L)	0.25	1
	钴/(mg/L)	2	2
	COD/(mg/L)	1800	1500
	铜/(mg/L)	1.2	1
	氰化物/(mg/L)	3.5	1
	氟化物/(mg/L)	30	25
	铁/(mg/L)	25	4

参 数		朱拜勒标准最大限度排放值	延布标准最大24h平均值
化学指标	铅/(mg/L)	0.5	0.5
	锰/(mg/L)	2	1
	汞/(mg/L)	0.015	0.01
	镍/(mg/L)	2.5	0.25
	油脂/(mg/L)	120	100
	pH 值	5~11	5~9
	酚类/(mg/L)	150	25
	总磷/(mg/L)	50	2
	银/(mg/L)	0.25	0.25
	钠/(mg/L)	1000	600
	钠吸附率（SAR units）	20	20
	硫酸盐/(mg/L)	800	150
	硫化物/(mg/L)	6	10
	TOC/(mg/L)	800	400
	锌/(mg/L)	10	1.5

注 1. 对于任何未确定的参数，具体标准将根据具体情况确定。

2. 金属标准代表总金属浓度。

7. 马来西亚标准

马来西亚采取统一管理污水收集处理的体制，但由于工程营地地理位置的特殊性，营地的污水不一定能排到城市污水系统或污水处理站。在马来西亚大约有 20% 以上的公共污水处理站建在河流的源头，经污水处理站处理后的水不直接利用，而是将其排入河道，经过河流的进一步净化后再利用。

根据《马来西亚环境法》等相关法律，马来西亚环境质量污水和工业废水排放标准见表 4-9。

表 4-9　　标准 A 和标准 B 排放的参数限值

参 数	标准 A	标准 B
温度/℃	40	40
pH 值	6.0~9.0	5.5~9.0
BOD_5（20℃）/(mg/L)	20	50
COD/(mg/L)	50	100
SS/(mg/L)	50	100
汞/(mg/L)	0.005	0.05
六价铬/(mg/L)	0.01	0.02

续表

参　数	标准 A	标准 B
砷/(mg/L)	0.05	0.05
氰化物/(mg/L)	0.05	0.10
铅/(mg/L)	0.05	0.10
三价铬/(mg/L)	0.10	0.5
铜/(mg/L)	0.20	1.0
锰/(mg/L)	0.20	1.0
镍/(mg/L)	0.20	1.0
锌/(mg/L)	0.20	1.0
硼/(mg/L)	0.20	1.0
铁/(mg/L)	1.0	1.0
苯酚/(mg/L)	1.0	4.0
游离氯/(mg/L)	1.0	5.0
硫化物/(mg/L)	0.001	1.0
油和油脂/(mg/L)	1.0	2.0

8. 泰国标准

水污染是泰国最严重的环境问题之一。生活污水是导致泰国内陆水污染和海洋污染的主要原因之一。泰国的排水标准有很多种分类，在 *WATER QUALITY STANDARDS* 中规定了排放标准，例如工业污水排放标准、建筑污水排放标准、房屋小区排放标准、生活污水处理系统出水标准（表 4-10）、各类养殖业排放标准等。

表 4-10　　　　　　　　　生活污水处理系统出水标准

参　数	标　准
pH 值	5.5~9.0
BOD_5[①]/(mg/L)	≤20
SS[②]/(mg/L)	≤30
油和油脂/(mg/L)	≤5
总磷/(mg/L)	≤2
总氮/(mg/L)	≤20

[①]　如果最终处理单元为稳定池或氧化池，则 BOD 为滤液 BOD。测定 BOD 时，根据《水和废水检验标准方法》的规定，在进行 BOD 分析之前，通过玻璃纤维过滤盘过滤出水样品，用于测定 SS。

[②]　如果最终处理单元为稳定池或氧化池，则其值不应超过 50mg/L。

9. 拉丁美洲标准

拉美地区是世界上淡水资源最丰富的地区，其人口占全球总人口的 8.5%，却拥有全球淡水资源总量的 15% 以上。但是拉美地区淡水资源的环境状况正不断恶化，特别是城市及其周边地区水污染严重，主要是由大量未经处理的生活污水、工业污水以及各种废弃物直接排向水体，恶化水质造成的。其中，生活污水是一些拉美城市最主要的水体污染源。城市化的过快发展使得一些拉美城市基础设施缺乏，许多家庭由于缺乏必要的卫生设施和污水收集服务，家庭排污就直接排放到河流或地上，在雨天这些生活污水和人体排泄物顺着雨水冲刷到了河流、湖泊，严重污染水源。

拉丁美洲国家包括智利、玻利维亚、秘鲁、巴西、厄瓜多尔、阿根廷、墨西哥、哥伦比亚、委内瑞拉、巴拉圭等，污水排放标准见表 4-11。

表 4-11 拉丁美洲国家污水排放标准

参　数	智利	玻利维亚	秘鲁	巴西	厄瓜多尔	阿根廷	墨西哥	哥伦比亚	委内瑞拉	巴拉圭
铝/(mg/L)			10		5			10	5	
锑/(mg/L)		1	0.5							
砷/(mg/L)	0.5	1	0.5	1.5	0.1	0.5	0.75	0.5	0.5	0.5
钡/(mg/L)					5			5	0.1	
BOD$_5$/(mg/L)	33~50	80	250		250	200	200	800	350	250
硼/(mg/L)			4					5		
镉/(mg/L)	0.5	0.3	0.2	1.5	0.02	0.1	0.75	0.1	0.2	0.2
碳酸盐/(mg/L)									0.25	
氯（活性）/(mg/L)					0.5					
三氯甲烷/(mg/L)					0.1			1		
六价铬/(mg/L)	0.5	0.1	0.5	0.5	0.5	0.2	0.75	0.5	0.5	1
四价铬/(mg/L)		1		5		2				
总铬/(mg/L)	10		10					1	2	
钴/(mg/L)					0.5			0.5		
COD/(mg/L)		250~300	500		500			1500	900	600
铜/(mg/L)	3	1	3	1.5	1		15	3	1	1
氰化物/(mg/L)	1	0.2~0.5	1	0.2	1	0.1	1.5	1	0.2	0.2
油和油脂/(mg/L)	150	10~20	100	150	100	100	75	100	150	100
氟化物/(mg/L)				10						
碳氢化合物/(mg/L)	20				20	50		20	20	100
铁/(mg/L)		1		15	25			10	25	5
铅/(mg/L)	1	0.6	0.5	1.5	0.5	0.5	1.5	0.5	0.5	0.5
锰/(mg/L)			4		10			1	10	1
汞/(mg/L)	0.02	0.002	0.02	1.5	0.01	0.005	0.015	0.02	0.01	0.01

续表

参　数	智利	玻利维亚	秘鲁	巴西	厄瓜多尔	阿根廷	墨西哥	哥伦比亚	委内瑞拉	巴拉圭
$NH_3-NH_4^+$/(mg/L)	80	4	80		40					
镍/(mg/L)	4		4	2	2		6	2	2	2
pH 值	5.5～9.0	6.9	6～8	6～10	5～9	5.5～10	5.5～10	5～9	6～9	5～9
酚类化合物/(mg/L)		1		5	0.2	0.5		0.2	0.5	0.5
磷/(mg/L)	10～45		10		15		20		10	
硒/(mg/L)					0.5			0.5	0.2	
可沉降固体/(mg/L)	20		8.5	20	20	0.5	7.5	10		1
银/(mg/L)				1.5	0.5			0.5	0.1	
硫酸盐（可溶解）/(mg/L)	1000		250	1000	400				400	
硫化物/(mg/L)	5	2	5	1	1	1		1	2	1
表面活性剂/(mg/L)	7					5		10	8	5
SS/(mg/L)	300	60	300		220		200	600	400	
温度/℃	35	±5	35	40	40	45	<40	<40	40	40
锡/(mg/L)		2		4						
钒/(mg/L)						5			5	
锌/(mg/L)	5	3	5	5	10		9	5	10	5

注　表中只提到一部分污水排放参数标准，未提到的参数指标参考美标的排放标准。

上述国家的排放标准中，有的指标相当于中国的二级排放标准，有的相当于中国的一级排放标准，有的国家中不同的地区排放标准也不一样。在确定营地的污水排放标准时，应根据营地所在地排放标准、污水处理后出水的利用情况、受纳水体水域使用功能的环境保护要求以及当地的技术经济条件综合考虑。对于当地有明确标准的，应遵循当地标准；在一些较为落后的国家或地区，在当地相关部门允许的情况下可按中国的标准执行。

4.3　污水处理的基本方法与处理程度分级

1. 污水处理的基本方法

污水处理的目的是将污水中所含的污染物质分离去除、资源化回收利用，或将其转化为无害物质，使水得到净化。污水处理技术按原理可分为物理处理法、化学处理法、生物物化学处理法三类；此外，还有应用这三种原理的膜处理技术。

（1）物理处理法。物理处理法即利用物理作用分离污水中呈悬浮状态的固体污染物质。常用的方法有筛滤法、沉淀法、上浮法、气浮法、过滤法和反渗透法等。

(2) 化学处理法。化学处理法是利用化学反应的作用，分离回收污水中处于各种形态的污染物质（包括悬浮物、溶解固体、胶体等）。主要方法有中和法、电解法、氧化还原法、混凝法、汽提法、萃取法、吸附法、离子交换法和电渗析法等。

(3) 生物化学处理法。生物化学处理法是利用微生物的代谢作用，使污水中呈溶解、肢体状态的有机污染物转化为稳定的无害物质。主要方法分为两大类，一类是利用好氧微生物作用的好氧法（好氧氧化法），这种方法广泛用于处理城市污水及有机性生产污水，其中有活性污泥法和生物膜法两种；另一类是利用厌氧微生物作用的厌氧法（厌氧还原法），这种方法多用于处理高浓度有机污水与污水处理过程中产生的污泥，现在也开始用于处理城市污水与低浓度有机污水。此外还有将好氧与厌氧相结合的方法。

(4) 膜处理技术。膜处理技术起源于 20 世纪 60 年代的海水淡化，现在已是 21 世纪优先发展的技术之一。该技术目前已广泛应用于城市污水处理、工业废水处理及再生水处理领域。膜处理技术兼有分离、浓缩、提纯及净化功能。膜法与生物化学法组合成膜生物反应器，即 MBR（Membrane Bioreactor），使微生物（活性污泥）与污水中的可降解有机物充分接触，氧化分解有机物，并使微生物生长繁殖。通过膜组件的机械筛分、截留等作用，对混合液进行固液分离。膜法在给水处理中已经提到过，避免重复此处不再介绍。膜生物反应器 MBR 分为膜分离生化反应器、膜-曝气生化反应器和萃取 MBR 三类。

2. 处理程度分级

污水的处理程度是指处理污水中不同性质的污染物，达到不同级别的净化目的与排放标准。污水处理技术按处理程度可以划分为 4 个级别，分别是一级处理、强化一级处理、二级处理和三级处理。

(1) 一级处理。一级处理主要去除污水中呈悬浮状态的固体污染物，物理处理法中大部分方法只能完成一级处理，一级处理属于二级处理的预处理。

(2) 强化一级处理。强化一级处理是利用物理、化学或生物化学的方法，使污水中的悬浮物、胶体发生凝聚和絮凝，改善污染物质的可沉降性能，提高沉淀分离的效果，从而改善一级处理出水水质的一种工艺。在一级处理的基础上，增加较少的投资，较大程度地提高污染物的去除率，消减总污染负荷，降低去除单位重量污染物的费用。强化一级处理技术可以分为化学强化一级处理、生物絮凝强化一级处理、化学生物絮凝强化一级处理，以及酸化水解池等。通过一级强化处理，COD 去除率可达 70%，BOD 去除率可达 60%。

(3) 二级处理。二级处理是指污水进行沉淀和生物处理的工艺，去除污水中呈胶体、悬浮和溶解状态的有机污染物（即 BOD、COD），去除率可达到 90% 以上，并且同时可以完成生物脱氮除磷，使处理后出水的有机物、氮和磷达到排放标准。

(4) 三级处理（深度处理）。三级处理是在一级、二级处理后，进一步处理难降解的有机物、磷和氮等能够导致水体富营养化的可溶性无机物等。主要方法有化学法、脱氮除磷法、混凝沉淀法、砂滤法、活性炭吸附法、离子交换法和电渗析法等。三级处理也称深度处理，但又有区别。三级处理常用于二级处理之后；而深度处理是以污水回收、再利用为目的，在一级或二级处理之后增加的处理工艺。

4.4 污水处理的工艺

污水的处理工艺有很多，本书只介绍带有膜分离的活性污泥法、生物膜法曝气生物滤池、移动床生物膜反应器三种工艺的特点。

4.4.1 带有膜分离的活性污泥法

1. 活性污泥法的基本原理

向生活污水中注入空气并进行曝气，每天保留沉淀物，更换新鲜污水，如此操作并持续一段时间后，污水中生成一种黄褐色的絮凝体，即活性污泥。以活性污泥为主体的污水生物处理工艺称为活性污泥法。

活性污泥法是一种污水的好氧生物处理法，由英国的 Clark 和 Gage 在 1913 年于曼彻斯特的劳伦斯污水试验站发明并应用，至今已有百年历史。在专家、技术人员的不懈努力下，活性污泥法已在技术上取得全方位的发展。活性污泥法在处理营地生活污水时有很大的优势，不仅可对有机污染物进行降解，还在脱氮、除磷方面有显著的效果。

污水活性污泥处理工艺系统的主体核心处理设备是活性污泥反应器（即曝气池），此工艺系统中还有二次沉淀池、活性污泥回流系统、曝气系统及空气扩散装置等辅助性设备。图 4-1 所示为活性污泥法的基本流程。

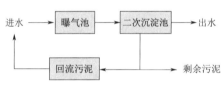

图 4-1 活性污泥法的基本流程

营地污水活性污泥工艺处理系统的基本流程如下：

经格栅、沉砂池、沉淀池等完整预处理后的营地污水从曝气池的首端进入，同时从二次沉淀池底部排出，并通过污泥回流系统，回流的部分污泥也在同一首端进入曝气池。

污水和回流的活性污泥一起进入曝气池形成混合液。从空气压缩机站送来的压缩空气，通过铺设在曝气池底部的空气扩散装置，以细小气泡的形式进入污水中，目的是增加污水中的溶解氧含量，并使混合液剧烈搅动，呈悬浮状态。溶解氧、活性污泥与污水互相混合、充分接触，使活性污泥反应得以正常进行。

第一阶段，污水中的有机污染物被活性污泥颗粒吸附在菌胶团的表面，这是由于其巨大的比表面积和多糖类黏性物质。同时一些大分子有机物在细菌胞外酶作用下分解为小分子有机物。

第二阶段，微生物在氧气充足的条件下吸收这些有机物，并氧化分解，形成二氧化碳和水，一部分供给自身的增殖繁衍。活性污泥反应后，污水中的有机污染物得到降解而去除，活性污泥本身得以繁衍增长，污水则得以净化处理。

经过活性污泥净化作用后的混合液进入二次沉淀池，混合液中悬浮的活性污泥和其他固体物质在这里沉淀下来与水分离，澄清后的污水作为处理水排出系统。经过沉淀浓缩的污泥从沉淀池底部排出，其中大部分作为接种污泥回流至曝气池，以保证曝气池内的悬浮固体浓度和微生物浓度；增殖的微生物从系统中排出，称为"剩余污泥"。事实上，污染物很大程度上从污水中转移到了这些剩余污泥中。

活性污泥法原理的形象说法：微生物"吃掉"了污水中的有机物，这样污水变成了干净的水。它本质上与自然界水体自净过程相似，只是经过人工强化，污水净化效果更好。

2. 带有膜分离的活性污泥工艺系统（MBR 工艺系统）

膜生物反应器（Membrane Bio-Reactor，MBR）是一种由膜分离技术与生物处理技术相结合的新型污水处理技术。

（1）优势。MBR 工艺由美国的 Smith 等人于 1969 年提出，其最大的特点是使用膜分离来取代常规活性污泥法中的二次沉淀。以膜组件取代传统生物处理技术末端的二次沉淀池，在生物反应器中保持高活性污泥浓度，促进生物处理有机负荷，从而减少污水处理设施占地面积，并通过保持低污泥负荷减少剩余污泥量。膜生物反应器系统内活性污泥的浓度可提升至 8000～10000mg/L，甚至更高；污泥龄可延长至 30d 以上。

MBR 工艺不仅有效地达到了泥水分离的目的，而且具有污水三级处理传统工艺不可比拟的优点。

1）高效地进行固液分离，其分离效果远好于传统的沉淀池，出水水质良好，出水悬浮物和浊度接近于零，可直接回用，实现了污水资源化。

2）膜的高效截留作用，使微生物完全截留在生物反应器内，实现反应器水力停留时间和污泥龄的完全分离，运行控制灵活稳定。

3）由于 MBR 工艺将传统污水处理的曝气池与二次沉淀池合二为一，并取代了三级处理的全部工艺设施，因此可大幅减少占地面积，节省土建投资。

4）利于硝化细菌的截留和繁殖，系统硝化效率高。通过运行方式的改变也可有脱氮和除磷功能。

5）泥龄可以非常长，从而大大提高难降解有机物的降解效率。

6）反应器在高容积负荷、低污泥负荷、长泥龄下运行，剩余污泥产量极低，由于泥龄可无限长，理论上可实现零污泥排放。

7）系统实现 PLC 控制，操作管理方便。

（2）MBR 膜组件。膜组件是将一定面积及数量的膜以某种形式组合形成的器件。在实际的污水处理过程中，膜组件的组合方式对其使用寿命和处理效果至关重要。目前膜组件主要有板框式、管式、中空纤维式及毛细管式。实际污水处理中常用到板框式、管式和中空纤维式膜组件。各种膜组件的优缺点见表 4-12。

表 4-12　　　　　　　　　　　各种膜组件优缺点比较

膜组件	成本	结构	装填密度 /(m²/m³)	湍流度	适用类型	优　点	缺　点
板框式	高	非常复杂	400～600	一般	UF、RO	可拆卸清洗、紧凑	密封复杂、压力损失大、装填密度小
螺旋卷式	低	复杂	800～1000	差	UF、RO	不易堵塞、易清洗、能耗低	装填密度小

膜组件	成本	结构	装填密度/(m^2/m^3)	湍流度	适用类型	优　点	缺　点
管式	高	简单	20～30	非常好	UF、MF	可机械清洗、耐高 TSS 污水	
中空纤维式	非常低	简单	5000～50000	非常好	MF、UF、RO	装填密度高、可以反冲洗、紧凑	对压力冲剂敏感
毛细管式	低	简单	600～1200	好	UF、RO		

（3）MBR 工艺系统的膜污染与控制。膜污染是指在膜过滤过程中，由于水中的微粒、胶体粒子或溶质大分子与膜存在物理化学相互作用或机械作用，在膜表面或膜孔内吸附、沉积造成膜孔径变小或堵塞，使膜通量与分离性能产生不可逆变化的现象。膜污染是影响 MBR 工艺推广应用的主要因素，会导致膜通量和分离性能下降，能耗增大，进而增加 MBR 工艺的运行费用，并在一定程度上缩短膜组件的使用寿命。当膜通量下降到一定程度时，继续过滤已经不再有任何经济性，这时就有必要进行膜清洗或膜更换。在实际运行操作过程中，可通过一定的措施来延缓污染发生，减轻膜污染程度，以尽可能地提高其处理能力。

膜污染可分为可逆污染和不可逆污染两类，其中可逆污染主要由浓差极化引起的凝胶层形成所引起，而不可逆污染则由不可逆吸附及堵塞所导致，两类污染共同作用致使膜通量衰减。

1）膜污染的成因。膜污染的成因非常复杂，它取决于混合液浓度、温度、pH 值、离子强度、氢键、偶极子间作用力等因素，涉及复杂的物理化学和生物学作用机理。

尽管膜污染和具体使用的膜材料以及工艺过程有关，但是总的来说，膜污染由进料液中的蛋白质、胶体和颗粒物质引发，物理化学堵塞占主导地位（即和生物生长无关）。对于不同材质的微滤膜（特别是疏水性的聚丙烯膜），胶体和颗粒物质常引起膜组件的物理结构变化，而蛋白质和胞外聚合物等容易引起更严重的污染，并且最终导致蛋白质在膜面的沉积和在膜材料中的渗透达到一种不可逆的程度。超滤膜相对不易被大分子物质堵塞，因为其孔径太小，不足以使大分子渗入。不管是对超滤膜还是微滤膜，膜表面的物理化学特性，特别是膜的亲水性能和表面电荷，在膜污染中起重要作用。

2）膜污染的影响因素。

a. 膜的性质。膜的性质主要是指膜材料的物理化学性能，如膜材料的分子结构决定了膜表面的电荷性、憎水性、膜孔径大小和粗糙度等。膜的结构与表面性质和膜污染有着密切的联系。膜孔径或孔隙率越高（特别是膜的表层孔径大、内层孔径小时），膜通量下降得越快。和孔径相当的污染物颗粒对膜污染的影响较大，在选用膜时应充分考虑活性污泥混合液中悬浮颗粒的大小和分布状况。

b. 混合液的性质。与膜污染密切相关的混合液性质主要包括混合液的 pH 值、固体颗粒粒径及其性质、溶解性有机物亲水和疏水性等。活性污泥混合液的性质复杂，因此膜组件的污染较难控制。污泥黏度也会通过影响膜表面附近的湍动程度和膜表面的速度梯度而间接影响膜通量，黏度反过来又受污泥浓度的影响，所以污泥的浓度会影响膜通量。

c. 运行方式。运行方式对膜污染的影响最大，正确的运行方式可以延缓膜堵塞。起始膜通量或膜驱动压力的增加会加强胶体颗粒等污染物在膜表面凝胶层中的积累和凝胶层的压实，从而导致起始膜通量很快下降。MBR 工艺系统运行中存在一临界膜通量，当不超过此值时，膜污染与自清洗处于接近动态平衡的状态，膜通量与压力成正比；一旦超过临界膜通量值则会发生较为严重的膜污染。膜组件的抽停造成的压力释放会使膜表面的污染物反向传递，有利于污染物的清除，但该过程不宜持续太长；曝气扰动可缓解污染物在膜表面的吸附和积累，但进一步增加曝气量时效果并不明显，且可能导致活性污泥絮体粒径减小，影响过滤。在保持一定的膜通量时，上述因素对膜通量的影响呈现出：抽停时间＞曝气扰动。

3）减轻膜污染的措施。一般而言，可以通过采用预处理、降低膜通量、增强混合液的通流程度等措施来减轻膜污染。

在膜生物反应器中，由于引起 MBR 工艺系统堵塞的有机物占待处理废水中有机负荷的很大比重，因此通过预处理方式减轻膜堵塞虽然在理论上可行，但实际操作过程中成本较高。

正确选择起始膜通量或跨膜压差对降低膜堵塞速率非常重要。假设存在一临界膜通量，MBR 反应器启动时，膜通量只有在高于某个临界值后才会随着时间下降，其值对不同的系统而言差异明显。因此，降低膜通量可以在一定程度降低膜污染，通常适用于膜通量较小的一体式膜生物反应器。

MBR 工艺中混合液湍流程度的提高可降低膜污染，因为它可以促进膜表面的冲刷，从而减轻堵塞层的形成和膜通量的下降。对于一体式膜生物反应器，提高曝气强度会降低水力学边界层的厚度，从而降低膜污染；对于分置式膜生物反应器，加大错流速率从而增加湍动程度可以降低膜污染速率。

此外，在加工膜时预先处理膜的表面（如改变膜的表面极性和电荷）也可以起到减轻膜污染的作用。例如聚砜膜可用大豆卵磷脂的酒精溶液预先处理，醋酸纤维膜用阳离子表面活性剂处理，降低膜污染。当膜通量下降到一定程度时，继续过滤就不再有任何经济性，那么就需要进行膜清洗或膜更换。

4）膜的清洗。膜清洗方法有物理法和化学法。

膜的可逆污染一般采用物理法，其中水力反冲洗是一种常用的防止和减轻膜污染的措施。水力反冲洗就是利用高速水流对膜进行冲洗，或将膜组件提升至水面以上用喷嘴喷水冲洗，同时用海绵球机械擦洗和反洗。该法简单易行，运行成本较低。可有效除去膜表面的泥饼及其他污染物，维持较稳定的膜通量。采用水力反冲洗时，合适的反冲洗速度、压力和冲洗周期对控制膜污染至关重要。较高的反冲洗流速有利于膜通量的恢复，但该法能耗较高，一般宜将冲洗流速控制在 2m/s 左右。此外，宜采用低压操作方式，以防止膜（丝）的损坏。

膜的不可逆污染一般采用化学法。常用的化学反冲洗剂包括 0.01～0.1mol/L 的稀酸和稀碱以及酶、表面活性剂、络合物和次氯酸钠等。这些溶剂能够破坏膜面凝胶层和膜孔内的污染物，将其中附着的金属离子和有机物等氧化、溶出。在实际工程中，一般将水力反冲洗和化学药剂清洗结合，以同时获得对可逆污染和不可逆膜污染的综合控制。

在 MBR 工艺的实际应用中，通常根据膜及其所截留污染物的特性来选择适合的化学清洗药剂，以达到有效的清洗效果，具体见表4-13。

表4-13　　　　　膜污染的化学清洗方法、选用药剂及去除对象

清洗方法	主 要 药 剂	主要清洗对象
碱洗	氢氧化钠、磷酸钠、磷酸钙、硅酸钠	油脂、二氧化硅垢
酸洗	盐酸、硝酸、硫酸、氨基酸黄、氢氟酸	金属氧化物、水垢、二氧化硅垢
络合剂清洗	聚磷酸盐、柠檬酸、乙二胺四乙酸、氨氮三乙酸	铁的氧化物、碳酸钙及硫酸钙垢
表面活性剂清洗	低泡型非离子表面活性剂、乳化剂	油脂
消毒剂清洗	次氯酸钠、双氧水	微生物、活性污泥、有机物
聚电解质清洗	聚丙烯酸、聚丙烯酸胺	碳酸钙及硫酸钙垢
有机溶剂清洗	三氯乙烷、乙二醇、甲酸	有机污垢

膜清洗后如果暂时不使用，应储存在含有甲醛的清水中，以防止细菌生长。

5）膜的更换。膜更换的频率决定 MBR 工艺的运行成本。适当延长膜的使用寿命，减少膜的更换频率是非常有必要的。一般而言，陶瓷膜的使用寿命要比有机膜的使用寿命长。由于膜的价格差异比较大，是否对膜进行更换应综合考虑膜生物反应器的运行工况等。

4.4.2　生物膜法曝气生物滤池

1. 生物膜法的基本原理

污水的生物膜法是与活性污泥法并列的一种污水好氧生物处理技术。这种处理方法的实质是使细菌和菌类相关的微生物和原生动物、后生动物一类的微型动物附着在滤料或某些载体上生长繁育，并在其上形成膜状生物污泥——生物膜。污水与生物膜接触，污水中的有机污染物作为营养物质，被生物膜上的微生物摄取，污水得到净化，微生物自身也得到繁衍增殖。污水的生物膜法既是古老的，又是发展中的污水生物处理技术。迄今为止，属于生物膜法的工艺主要有生物滤池（普通生物滤池、高负荷生物滤池、塔式生物滤池）、生物转盘、生物接触氧化设备、生物流化床、曝气生化滤池（BAF）及派生工艺、移动床生物膜反应器（MBBR）等。

根据生物膜处理工艺系统内微生物附着生长载体的状态，生物膜工艺可以划分为固定床和流动床两大类。在固定床中，附着生长载体固定不动，在反应器内的相对位置基本不变；在流动床中，附着生长载体不固定，在反应器内处于连续流动的状态。基于操作时是否有氧气的参与，各生物膜工艺或者处于好氧状态，或者处于缺氧和厌氧状态。

2. 生物膜法对有机物的降解过程

污水与滤料或某种载体流动接触，在经过一段时间后，后者的表面将会被一种膜状污混生物膜覆盖。随后生物膜逐渐成熟，其标志是生物膜沿水流方向分布，在其上由细菌及各种微生物组成的生态系统以及其对有机物的降解功能都达到了平衡和稳定的状态。从开

始形成到成熟，生物膜要经历潜伏和生长两个阶段，一般的城市污水，在 20℃ 左右的条件下需要 30d 左右的时间。

生物膜是高度亲水的物质，在污水不断在其表面更新的条件下，在其外侧总是存在一层附着水层。生物膜又是微生物高度密集的物质，在膜的表面和一定深度的内部生长繁殖着大量各种类型的微生物和微型动物，并形成有机污染物—细菌—原生动物（后生动物）的食物链。

生物膜在其形成与成熟后，由于微生附着在生物滤池滤料上的生物膜的构造物不断增殖，生物膜的厚度不断增加，在增厚到一定程度后，在氧不能透入的内侧深处即将转变为厌氧状态，形成厌氧性膜。因此生物膜由好氧性膜和厌氧性膜两层组成。好氧层的厚度一般为 2mm 左右，有机物的降解主要是在好氧层内进行。

附着在生物滤池滤料上的生物膜的构造如图 4-2 所示。在生物膜内、外，生物限与层之间进行着多种物质的传递过程。空气中的氧溶解于流动水层中，从那里通过传递给生物膜，供微生物呼吸；污水中的有机污染物则由流动水层传递给附着水是然后进入生物膜，并通过细菌的代谢活动而被降解，这样就使污水在其流动过程中逐步得到净化。微生物的代谢产物如 H_2O 等则通过附着水层进入流动水层，并随其排走，而 CO_2 及厌氧层分解产物如 H_2S、NH_3 以及 CH_4 等气态代谢产物则溶解于水中或从水层逸出进入空气中。

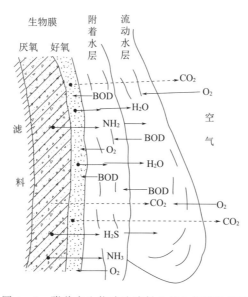

图 4-2 附着在生物滤池滤料上的生物膜的构造

3. 生物膜法的主要特征

（1）微生物相方面的特征。

1）参与净化反应的微生物多样化。生物膜法的各种工艺都具有适于微生物生长栖息、繁衍的稳定环境，生物膜上的微生物勿需像活性污泥那样承受强烈的搅拌冲击，易于生长繁殖。生物膜固着在滤料或填料上，其生物固体平均停留时间（污泥龄）较长，因此在生物膜上能够生长世代时间较长、比增殖速度小的微生物，如硝化菌等。在生物膜上还可能出现大量丝状菌，线虫类、轮虫类以及寡毛虫类的微型动物出现的频率也较高。

2）生物的食物链长。在生物膜上生长繁育的生物中，动物性营养类生物所占比例较大，微型动物的存活率也高。也就是说，在生物膜上能够栖息高营养水平的生物，即在捕食性纤毛虫、轮虫类之上还栖息着寡毛类和昆虫，因此，在生物膜上形成的食物链要长于活性污泥上的食物链。正是由于这个原因，生物膜处理系统内产生的污泥量少于活性污泥处理系统。

污泥产量低，是生物膜法各种工艺的共同特征，并已为大量的实际数据所证实。一般来说，生物膜法产生的污泥量较活性污泥处理系统少 1/4 左右。

3）能够存活世代时间较长的微生物。硝化菌和亚硝化菌的世代时间都比较长，比增殖速度较小，如亚硝化单胞菌属（Nitrosomonas）、硝化杆菌属（Nitrobacter）的比增殖速度分别为 0.2/d 和 1.12/d。在一般生物固体平均停留时间较短的活性污泥法处理系统中，这类细菌是难以存活的。在生物膜法中，生物污泥的生物固体平均停留时间与污水的停留时间无关。因此，硝化菌和亚化硝菌也可以繁衍、增殖。因此，生物膜法的各项处理工艺都具有一定的硝化功能，采取适当的运行方式，还可能具有反硝化脱氮的功能。

4）分段运行与优占种属。生物膜法多分段进行，在正常运行的条件下，每段都繁殖与进入本段污水水质相适应的微生物，并形成优占种属，这种现象非常有利于微生物新陈代谢功能的充分发挥和有机污染物的降解。

（2）处理工艺特征。

1）对水质、水量变动有较强的适应性。生物膜法的各种工艺对流入污水水质、水量的变化都具有较强的适应性。这种现象已为多数运行的实际污水处理设施所证实，即使有一段时间中断进水，对生物膜的净化功能也不会造成致命的影响，通水后能够较快恢复。

2）污泥沉降性能良好，易于固液分离。由生物膜上脱落下来的生物污泥所含动物成分较多，比重较大，而且污泥颗粒个体较大，因此污泥的沉降性能良好，易于固液分离。但是，如果生物膜内部形成的厌氧层过厚，在其脱落后将有大量的非活性细小悬浮物分散于水中，使处理水的澄清度降低。

3）能够处理低浓度的污水。活性污泥法处理系统不适宜处理低浓度的污水，如原污水的 BOD 值长期低于 50～60mg/L，将影响活性污泥絮凝体的形成和增长，净化功能降低，处理水水质低下。但是，生物膜法对低浓度污水能够取得较好的处理效果，正常运行的处理设施可使原污水 20～30mg/L 的 BOD_5 降低至 7～10mg/L。

4）易于维护运行、节能。与活性污泥处理系统相较，生物膜法中的各种工艺都比较易于维护管理，而且像生物滤池、生物转盘等工艺，在运行过程中动力费用较低，能够节省能源，去除单位重量 BOD 的耗电量较少。

4. 曝气生物滤池（BAF）

曝气生物滤池（Biological Aerated Filter，BAF）是由滴滤池发展而来，属于生物膜法范畴，最初用于三级处理，后发展成直接用于二级处理，是 20 世纪 80 年代末在欧美发展起来的一种新型生物膜法污水处理工艺，于 90 年代初得到较大发展，该工艺已在欧美和日本等发达国家（地区）广为流行，目前世界上已有 3500 多座污水处理厂应用这种技术。

曝气生物滤池（图 4-3）是将生物降解与吸附过滤两种处理过程合并在同一单元反应器

中。当污水流经时，利用滤料高比表面积带来的高浓度生物膜的氧化降解能力对污水进行快速净化，同时利用滤料粒径较小的特点及生物膜的生物絮凝作用，吸附截留污水中的悬浮物。

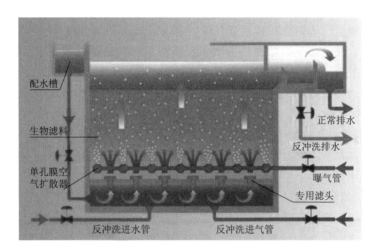

图 4 - 3　曝气生物滤池工艺流程

曝气生物滤池采用人工强制曝气代替自然通风；采用粒径小、比表面积大的滤料，显著提高了生物浓度；采用生物处理与过滤处理联合方式，省去了二次沉淀池；采用反冲洗的方式，避免了堵塞的可能，同时提高了生物膜的活性；采用生化反应和物理过滤联合处理的方式，同时发挥了生物膜法和活性污泥法的优点。其具有生物氧化降解和过滤的作用，因而可获得很高的出水水质，可达到回用水水质标准，适用于生活污水和工业有机废水的处理及资源化利用。

曝气生物滤池具体优点如下：①处理能力强，容积负荷高；②池容和占地面积较小，节省基建投资；③运行管理方便，采用自动化控制，运行费用低；④抗冲击负荷能力强，耐低温；⑤易挂膜，启动快；⑥产生的臭气量少，环境质量高。

曝气生物滤池优点多，但也具有以下缺点：①对进水的 SS 要求较严，一般要求 SS≤100mg/L，最好 SS≤60mg/L；②水头损失较大，水的总提升高度大；③进水悬浮物较多时，运行周期短，反冲洗频繁；④产生的污泥稳定性差，进一步处理比较困难。

曝气生物滤池的应用范围较广，其在水深度处理、污染源水处理、难降解有机物处理、低温污水的硝化、低温污染水处理中都有很好的、甚至不可替代的功能。其水处理工艺可用于以下情况：①村庄、集镇、住宅小区等各类生活污水；②宾馆、饭店、疗养院、医院；③车站、飞机场、海港码头、船舶；④工厂、矿山、部队、旅游点、风景区；⑤猪场粪便、印染废水、肠衣加工废水、淀粉废水等；⑥与生活污水类似的各种工业有机废水。

4.4.3　移动床生物膜反应器（MBBR）

移动床生物膜反应器（Moving - Bed Biofilm Reactor，MBBR）工艺是将活性污泥法（悬浮生长）和生物膜法（流化态附着生长）相结合的新型污水处理工艺。该工艺开发于

20 世纪 80 年代中期，其原理为密度接近水、可悬浮载体填料投加到曝气池中作为生物生长载体，填料通过曝气作用处于流化状态后可与污水充分接触，外部则为好氧菌，每个载体均形成一个微型反应器，使硝化反应和反硝化反应同时存在。MBBR 工艺结合了传统流化床和生物接触氧化法两者的优点，解决了固定床反应器需要定期进行反冲洗、流化床需要将载体流化、淹没式生物滤池易堵塞需要清洗填料和更换曝气器等问题。该工艺因悬浮的填料能与污水频繁接触而被称为"移动的生物膜"。

MBBR 工艺适用于城市污水和工业废水处理，也适用于营地污水处理。自 20 世纪 80 年代末期以来，MBBR 已在世界 17 个国家的超过 400 座污水处理厂投入使用，并取得良好效果。目前已投入使用的 MBBR 组合工艺包括 LINPOR MBBR 系列工艺和 Kaldnes MBBR 系列工艺，从提高处理效果、强化氮磷去除等方面对传统活性污泥法进行了改进。

MBBR 工艺中附着生长在悬浮载体中的长泥龄生物膜为生长缓慢的硝化菌提供了有利的生存环境，可实现有效的硝化效果，悬浮生长的活性污泥泥龄相对较短，主要起去除有机物的作用，因此避免了传统工艺为实现硝化作用而保持较长泥龄时易出现的污泥膨胀问题。其污泥负荷比单纯的活性污泥工艺低，而处理效率更高，运行更稳定。

MBBR 系统的工艺流程如图 4-4 所示。

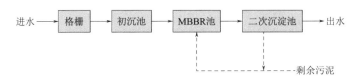

图 4-4　MBBR 系统的工艺流程简图

MBBR 工艺既具有活性污泥法的高效性和运转灵活性，又具有传统生物膜法耐冲击负荷、泥龄长、剩余污泥少的特点。该工艺具有以下特征：

（1）污泥负荷低。附着生长在悬浮载体中的长泥龄生物膜为生长缓慢的硝化菌提供了非常有利的生存环境，可实现高效硝化作用，而悬浮生长的活性污泥泥龄相对较短，可有效去除有机物。因此，这种悬浮态和附着态微生物共池生长的工艺，污泥负荷远低于单的活性污泥工艺，处理效率更高，运行更稳定。

（2）有机物去除率高。由于悬浮载体具有较大的比表面积，附着在其表面及内部的生物数量大、种类多，一般情况下反应器内污泥浓度为普通活性污泥法的 5～10 倍，总度高达 30～40g/L，可大幅提高有机物去除效率。

（3）脱氮效果好。MBBR 反应器中悬浮和载体表面附着的微生物处于好氧状态，将氨氮氧化为硝酸盐氮，而载体内部的兼氧和厌氧区别于反硝化细菌生长而起到反硝化脱氮的作用，对氨氮的去除有良好的效果。

（4）易于维护管理。悬浮填料在曝气池内无须设置填料支架，便于对填料以及池底的曝气装置进行维护，节省投资及占地面积。

（5）不易产生污泥膨胀。悬浮填料受到水流和气流的冲刷，保证了生物膜的活性，促进了新陈代谢，反应池中随水流化的填料上可能生长大量丝状菌，从而减少了污泥膨胀的可能性。

4.5 污水的消毒、回用以及污泥的处理与处置

污水经过二级处理工艺系统处理后，通常还会含有致病细菌，主要有病原菌、原生动物孢子和包囊、蠕虫及病毒等，这就需要对水做进一步消毒处理。另外，如果经过生化处理后的水还达不到所规定的排放标准或回用要求，就需要进行深度处理，从而去除残存的悬浮物、胶体和溶解物质。下面就介绍污水消毒、深度处理工艺的处理后水的回收再利用。

4.5.1 污水的消毒

营地污水经二级处理后，虽然细菌含量大幅度减少，但细菌的绝对含量仍比较大，同时有可能存在有病原菌，所以在排放水体之前要进行消毒处理。

消毒就是杀灭污水中的致病菌，污水中的病原体主要有病原性细菌、肠道病毒和蠕虫卵。世界上许多国家和地区已经根据实际情况制定了不同的消毒标准。表4-14列出部分国家和地区尾水的消毒指标。

表 4-14　　　　　　　　　　部分国家和地区尾水消毒指标

国家和地区标准	指标值*	标　　准
美国国家环保局（EPA）	200 个/100mL	二级生化处理后的出水
美国加利福尼亚第 22 号条例	总大肠菌菌群数 2.1 个/100mL	非限制性使用的回用水
欧盟	2000 个/100mL	浴场水指导准则
日本	总大肠菌群数 1000 个/mL	水污染环境质量标准——二级标准，渔业一级标准
《城镇污水处理厂污染物排放标准》（GB 18918）	10000 个/L	二级标准
	1000 个/L	一级标准 A 类
	10000 个/L	一级标准 B 类
《污水综合排放标准》（GB 8978）	5000 个/L	医院、兽医院及医疗机构含病原体污水；三级标准
	1000 个/L	医院、兽医院及医疗机构含病原体污水；二级标准
	500 个/L	医院、兽医院及医疗机构含病原体污水；一级标准
	1000 个/L	传染病、结核病医院；三级标准
	500 个/L	传染病、结核病医院；二级标准
	100 个/L	传染病、结核病医院；一级标准
《城镇污水再生利用工程设计规范》（GB 50335）	2000 个/L	再生水用作冷却水
《城市污水再生利用　城市杂用水水质》（GB/T 18920）	总大肠菌群数 3 个/L	城市污水再生用作杂用水

续表

国家和地区标准	指标值*	标　　准
《城市污水再生利用　景观环境用水水质》(GB/T 18921)	10000 个/L	观赏性景观环境用水　河道、湖泊类
	2000 个/L	观赏性景观环境用水　水景类
	500 个/L	娱乐性景观环境用水　河道、湖泊类
	不得检出	娱乐性景观环境用水　水景类

* 除注明外均为粪大肠菌群数。

常用的污水消毒技术有化学药剂法和光化学消毒法，目前广泛用于污水消毒的是氯消毒、二氧化氯消毒、臭氧消毒和紫外线消毒等。

1. 氯消毒

氯气呈黄绿色，约为空气质量的 2.48 倍。液氯为琥珀色，约为水质量的 1.44 倍。在实际应用中，氯是以液氯的形式储存在各种压力容器中。加氯消毒系统包括加氯机、混合设备、氯瓶和接触池等。液氯技术方法是目前国内最普遍的污水消毒方法，该技术成熟、设备故障率低、运行费用低，但是在消毒过程中会产生有毒的副产物 DBPs。DBPs 被认为有致癌作用且在较低的浓度（小于 0.1mg/L）就会对环境产生危害，在北美地区要求氯消毒后的出水要进行脱氮处理。

氯气溶解在水中后，水解为 HCl 和次氯酸（HOCl），次氯酸再离解为 H^+ 和 OCl^-，HOCl 比 OCl^- 的氧化能力强得多。另外，由于 HOCl 是中性分子，容易接近细菌而予以氧化，而 OCl^- 带负电荷，难以靠近同样带负电的细菌，虽然有一定氧化作用，但在浓度较低时很难起到消毒作用。

pH 值影响 HOCl 和 OCl^- 的含量，因此对消毒效果影响较大。pH 值小于 7 和温度较低时，OCl^- 含量高，消毒效果较好。pH 值小于 6 时，水中的氯几乎 100% 地以 OCl^- 的形式存在，pH 值为 7.5 时，HOCl 和 OCl^- 的含量大致相等，因此氯的杀菌作用在酸性水中比在碱性水中更有效。如果污水中含有氨氮，加氯时会生成一氯氨（NH_2Cl）和二氯氨（$NHCl_2$），此时消毒作用比较缓慢，效果较差，且需要较长的接触时间。

2. 二氧化氯消毒

二氧化氯化学性质活泼，易溶于水，在 20℃ 下溶解度为 107.98g/L，是氯气溶解度的 5 倍，氧化能力为氯气的 2 倍。二氧化氯消毒的作用机制在于：①其对细胞壁有较好的吸附性和渗透性，可有效地氧化细胞内含巯基的酶，从而阻止细菌的合成代谢，并使细菌死亡；②二氧化氯可与半胱氨酸、色氨酸和游离脂肪酸反应，快速控制蛋白质的合成，使膜的渗透性增高；③二氧化氯能改变病毒衣壳，导致病毒死亡。

二氧化氯是美国 20 世纪 80 年代开发的强力杀菌消毒剂，经美国食品药物管理局和美国环境保护署的长期科学试验被确认为是医疗卫生、食品加工、食品保鲜、环境、饮水和工业循环水等方面杀菌消毒、除臭的理想消毒剂，也是被世界卫生组织所确认的一种安全、高效、广谱的强力杀菌剂。中国已批准二氧化氯作为消毒剂，应用于食品饮料加工设备、管道、食品饮料加工用水、餐具、饮用水处理等方面消毒。而在生产生活中，二氧化氯对水和空气的消毒尤为受到关注。

二氧化氯消毒的优点为：①可减少水中三卤甲烷等氯化副产物的形成；②当水中含有氨时不与氨反应，其氧化和消毒作用不受影响；③能杀灭水中的病原微生物；④消毒作用不受水质酸碱度的影响；⑤消毒后水中余氯稳定持久，防止再污染的能力强；⑥可除去水中的色和味，不与苯酚形成氯苯酚臭；⑦对铁、锰的除去效果比氯好；⑧其水溶液可以安全生产和使用。

二氧化氯消毒的缺点为：①二氧化氯具有爆炸性，必须在现场制备，立即使用；②制备含氯低的二氧化氯较复杂，其成本较其他消毒方法高；③制备二氧化氯的原料为氯酸钠和盐酸，为氧化性或腐蚀性物质，同样存在储运的安全性问题；④二氧化氯的歧化产物对动物可引起溶血性贫血和变性血红蛋白症等中毒反应。

3. 臭氧消毒

臭氧消毒技术是 1840 年一位德国的化学家 C. F. 舍拜恩发明的，于 1856 年应用于水处理消毒行业。目前，臭氧已广泛用于水处理、空气净化、食品加工、医疗、医药、水产养殖等领域，对这些行业的发展起到了极大的推动作用。

臭氧的分子式为 O_3，为天蓝色腥臭味气体，液态呈暗黑色，固态呈蓝黑色。臭氧是一种强氧化剂，灭菌过程属生物化学氧化反应。O_3 灭菌有以下形式：

（1）臭氧能氧化分解细菌内部葡萄糖所需的酶，使细菌灭活死亡。

（2）直接与细菌、病毒作用，破坏它们的细胞器和 DNA、RNA，使细菌的新陈代谢受到破坏，导致细菌死亡。

（3）透过细胞膜组织侵入细胞内，作用于外膜的脂蛋白和内部的脂多糖，使细菌发生通透性畸变而溶解死亡。

臭氧可采用电解作用、光化学作用、放射化学作用和电荷放电产生。目前最有效的生产臭氧的方法是放电法。

臭氧消毒的优点为：①臭氧灭菌为溶菌级方法，杀菌彻底，无残留，杀菌广谱，可杀灭细菌繁殖体和芽孢、病毒、真菌等，并可破坏肉毒杆菌毒素，另外，O_3 对真菌都有杀灭作用；②O_3 由于稳定性差，很快会自行分解为氧气或单个氧原子，而单个氧原子能自行结合成氧分子，不存在任何有毒残留物，所以，O_3 是一种无污染的消毒剂；③O_3 为气体，能迅速弥漫到整个灭菌空间，灭菌无死角，而传统的灭菌消毒方法，无论是紫外线，还是化学熏蒸法，都有不彻底、有死角、工作量大、有残留污染或有异味等缺点，并有可能损害人体健康。

臭氧消毒的缺点为：①投资大，费用较氯化消毒高；②水中 O_3 不稳定，控制和检测 O_3 需一定的技术；③消毒后对管道有腐蚀作用，出厂水无剩余 O_3，因此需要第二消毒剂；④与铁、锰、有机物等反应，可产生微絮凝，使水的浊度提高；⑤O_3 氧化含有溴离子的原水时会产生溴酸根。溴酸根已被国际癌症研究机构定为 2B 级潜在致癌物，WHO 建议饮用水的最大溴酸根含量为 $25\mu g/L$，美国环保局饮水标准中规定溴酸根的最高允许浓度为 $10\mu g/L$。

4. 紫外线消毒

紫外线是一种波长范围为 $136\sim309nm$ 的不可见光线，在波长为 $240\sim280nm$ 时具有杀菌作用，尤其波长 253.7 处杀菌能力最强。紫外线消毒技术始于 20 世纪 60 年代，由于该技术具有消毒速度快、效率高、设备操作简单、无有毒有害副产物、便于运行管理等优点，因此从 80 年代开始紫外线消毒大量应用于城市的污水消毒处理。

紫外线杀菌消毒是利用适当波长的紫外线能够破坏微生物机体细胞中的 DNA（脱氧核糖核酸）或 RNA（核糖核酸）的分子结构，造成生长性细胞死亡和（或）再生性细胞死亡，达到杀菌消毒的目的。紫外线对核酸的作用可导致键和链的断裂、股间交联和形成光化产物等，从而改变了 DNA 的生物活性，使微生物自身不能复制，从而不能繁殖，以致灭活。紫外线消毒技术是基于现代防疫学、医学和光动力学的基础上，利用特殊设计的高效率、高强度和长寿命的 UVC 波段紫外光照射流水，将水中各种细菌、病毒、寄生虫、水藻以及其他病原体直接杀死。紫外线消毒设备如图 4-5 所示。

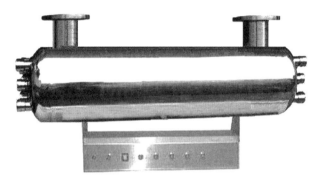

图 4-5　紫外线消毒设备

紫外线消毒的优点为：①不在水中引进杂质，水的物化性质基本不变；②水的化学组成（如氯含量）和温度变化一般不会影响消毒效果；③不另增加水中的臭味，不产生诸如三卤甲烷等类的消毒副产物；④杀菌范围广而迅速，处理时间短，在一定的辐射强度下一般病原微生物仅需十几秒即可杀灭，能杀灭一些氯消毒法无法灭活的病菌，还能在一定程度上控制一些较高等的水生生物如藻类和红虫等；⑤过度处理一般不会产生水质问题；⑥一体化设备的构造简单，容易安装，小巧轻便，水头损失很小，占地少；⑦容易操作和管理，容易实现自动化，设计良好的系统设备运行维护工作量很少；⑧运行管理比较安全，基本没有使用、运输和储存其他化学品可能带来的剧毒、易燃、爆炸和腐蚀性的安全隐患；⑨消毒系统除了必须运行的水泵以外，没有其他噪声源。

紫外线消毒的缺点为：①孢子、孢囊和病毒比自养型细菌耐受性高；②水必须进行前处理，因为紫外线会被水中的许多物质吸收，如酚类、芳香化合物等有机物、某些生物、无机物；③没有持续消毒能力，并且可能存在微生物的光复活问题，最好用在处理水能立即使用的场合、管路没有二次污染和原水生物稳定性较好的情况（一般要求有机物含量低于 $10\mu g/L$）；④不易做到在整个处理空间内辐射均匀，有照射的阴影区；⑤没有容易检测的残余性质，处理效果不易迅速确定，难以监测处理强度；⑥较短波长的紫外线（低于200nm）照射可能会使硝酸盐转变成亚硝酸盐，为了避免该问题应采用特殊的灯管材料。

4.5.2　处理后污水的回收利用

营地用水会受到地理位置、环境以及国家的政治形态等影响，因此营地污水的回收利用就显得非常重要。

1. 污水再生利用的用途

营地污水再生利用可以解决营地缺水的状况，使营地正常运行，人们生活更加舒适。营地污水再生利用的用途见表 4-15。

表 4-15　　　　　　　　　　营地污水再生利用的用途

序号	分　类	范　　围	示　　例
1	农业用水	农田灌溉	种子与育种、经济作物
2	营地杂用水	营地绿化	营区绿地、绿化
		冲厕	厕所便器冲洗
		道路清扫	营区道路的冲洗及喷洒
		车辆冲洗	各种车辆冲洗
		消防	消火栓、消防水泡
3	环境用水	娱乐性景观环境用水	娱乐性景观河道、景观湖泊及水景
		观赏性景观环境用水	观赏性景观河道、景观湖泊及水景
4	补充水源水	补充地表水	河流、湖泊
		补充地下水	水源补给、防止海水入侵、防止地面沉降

2. 污水再生利用水质标准

污水再生利用水质标准应根据不同的用途具体确定。由于营地所在国家、地区的经济和技术条件不同，当前世界上还没有一个公认的统一标准。

用于营区内建筑冲厕、道路清扫、消防、城市绿化、车辆冲洗、建筑施工等杂用水的再生水水质应符合《城市污水再生利用　城市杂用水水质》（GB/T 18920）的规定，见表 4-16。用于营区内景观环境用水的再生水水质应符合《城市污水再生利用　景观环境用水水质》（GB/T 18921）的规定，见表 4-17。用于营区内农作物灌溉的再生水水质应符合《农田灌溉水质标准》（GB 5084）的规定，见表 4-18。

表 4-16　　　　　　　　　　城市杂用水水质标准

项　　目	冲厕	道路清扫、消防	城市绿化	车辆冲洗	建筑施工
pH 值	≤6.0～9.0				
色度/度	≤30				
臭	无不快感觉				
浊度/NTU	≤5	≤10	≤10	≤5	≤20
溶解性固体/(mg/L)	≤1500	≤1500	≤1000	≤1000	—
BOD_5/(mg/L)	≤10	≤15	≤20	≤10	≤15
氨氮（以 N 计）/(mg/L)	≤10	≤10	≤20	≤10	≤20
阴离子表面活性剂/(mg/L)	≤1.0	≤1.0	≤1.0	≤0.5	≤1.0

续表

项　　目	冲厕	道路清扫、消防	城市绿化	车辆冲洗	建筑施工
铁/(mg/L)	≤0.3	—	—	≤0.3	—
锰/(mg/L)	≤0.1	—	—	≤0.1	—
溶解氧/(mg/L)	≥1.0				
总余氯/(mg/L)	接触30min后≥1.0，管网末端≥0.2				
总大肠菌群指数)/(mg/L)	≤3				

注　混凝土拌和水还应符合《混凝土用水标准》（JGJ 63）的规定。

表 4-17　　　　　　　　　　景观环境用水的再生水水质指标

序号	项　　目	观赏性景观环境用水			娱乐性景观环境用水		
		河道类	湖泊类	水景类	河道类	湖泊类	水景类
1	基本要求	无漂浮物，无令人不愉快的臭和味					
2	pH 值（无量纲）	6.0～9.0					
3	BOD$_5$/(mg/L)	≤10	≤6		≤6		
4	SS/(mg/L)	≤20	≤10		—		
5	浊度/NTU	—			≤5.0		
6	溶解氧/(mg/L)	≥1.5			≥2.0		
7	总磷（以 P 计）/(mg/L)	≤1.0	≤0.5		≤1.0	≤0.5	
8	总氮/(mg/L)	≤15					
9	氨氮（以 N 计）/(mg/L)	≤5					
10	粪大肠菌群/(个/L)	≤10000	≤2000		≤500	不得检出	
11	余氯[①]/(mg/L)	≥0.05					
12	色度/度	≤30					
13	石油类/(mg/L)	≤1.0					
14	阴离子表面活性剂/(mg/L)	≤0.5					

注　1. 对于需要通过管道输送再生水的非现场回用情况采用加氯消毒方式；而对于现场回用情况不限制消毒方式。

　　2. 若使用未经过除磷脱氮的再生水作为景观环境用水，鼓励使用本标准的各方在回用地点积极探索通过人工培养具有观赏价值水生植物的方法，使景观水的氮磷满足表中的要求，使再生水中的水生植物有经济合理的出路。

　　3.“—”表示对此项无要求。

①　氯接触时间不应低于 30min 的余氯。对于非加氯方式无此项要求。

表 4-18　　　　　　　　　　农 田 灌 溉 水 质 标 准

序号	项　　目	水　作	旱　作	蔬　菜
1	BOD$_5$/(mg/L)	≤60	≤100	≤40[①]，≤15[②]
2	COD$_{Cr}$/(mg/L)	≤150	≤200	≤100[①]，≤60[②]

序号	项 目	水 作	旱 作	蔬 菜
3	SS	≤80	≤100	≤60①，≤50②
4	阴离子表面活性剂/(mg/L)	≤5	≤8	≤5
5	水温/℃		≤35	
6	pH 值		5.5~8.5	
7	全盐量/(mg/L)		1000②（非盐碱土地区），2000③（盐碱土地区）	
8	氯化物/(mg/L)		≤350	
9	硫化物/(mg/L)		≤1	
10	总汞/(mg/L)		≤0.001	
11	镉/(mg/L)		≤0.01	
12	总砷/(mg/L)	≤0.05	≤0.1	≤0.05
13	六价铬/(mg/L)		≤0.1	
14	铅/(mg/L)		≤0.2	
15	铜/(mg/L)	≤0.5	≤1	≤1
16	锌/(mg/L)		≤2	
17	硒/(mg/L)		≤0.02	
18	氟化物/(mg/L)		≤2（一般地区），≤3（高氟区）	
19	氰化物/(mg/L)		≤0.5	
20	石油类/(mg/L)	≤5	≤10	≤1
21	挥发酚/(mg/L)		≤1	
22	苯/(mg/L)		≤2.5	
23	三氯甲醛/(mg/L)	≤1	≤0.5	≤0.5
24	丙烯醛/(mg/L)		≤0.5	
25	硼/(mg/L)	（1）对硼敏感作物，如黄瓜、豆类、马铃薯、笋瓜、韭菜、洋葱、柑橘等。 （2）对硼耐受性较强的作物，如小麦、玉米、青椒、小白菜、葱等。 （3）对硼耐受性强的作物，如水稻、萝卜、油菜、甘蓝等		
26	粪大肠菌群数/(个/100mL)	≤4000	≤4000	≤2000①，≤1000②
27	蛔虫卵数/(个/L)	≤2		≤2①，≤1②

① 加工、烹饪及去皮蔬菜。
② 生食类蔬菜、瓜类和草本水果。
③ 具有一定的水利灌排设施，能保证一定的排水和地下水径流条件的地区，或有一定淡水资源能够冲洗土体中盐分的地区，农田灌溉水质全盐量指标可以适当放宽。

3. 营地污水再生利用的深度处理工艺系统

营地污水深度处理工艺方案取决于二级出水水质及再生利用水水质的要求，其基本工艺有如下 4 种，这 4 种基本工艺可以满足当前大多数用户的水质要求。

（1）二级处理——消毒。可以用于农灌用水和某些环境用水。

（2）二级处理——过滤、消毒。处理后的水可以作为工业循环冷却用水、营地浇洒、绿化、景观、消防、补充营地附近的河湖等用水和营区建筑厕所冲洗用水等杂用水。

（3）二级处理——混凝、沉淀（澄清、气浮）、过滤、消毒。该工艺是国内工程常用的再生工艺。处理后的水可以作为营区杂用水水质，也可以作为锅炉补给水和部分工艺用水。

（4）二级处理——微孔过滤、消毒。该工艺的出水效果比砂滤更好。微孔过滤是一种较为常规，过滤更有效的过滤技术，实质就是用微滤膜进行过滤，使大小不同的组分分离。

4.5.3　污泥的处理与处置

1. 污泥的来源

营地污水污泥主要是在营地污水处理过程中产生的浮渣与沉淀物。污泥的成分非常复杂，其主要成分可以归纳为有机物、无机物、微生物三大类。按污泥成分的不同可以分为污泥、沉渣、栅渣；按污泥来源的不同可分为初次沉淀污泥、剩余活性污泥、腐殖污泥、消化污泥、化学污泥。

2. 污泥的处理

污泥处理是对污泥进行减量化、稳定化和无害化处理的过程。污水处理程度越高，就会产生越多的污泥残余物需要加以处理。

营地污水处理后产生的污泥可采用污泥浓缩和污泥脱水工艺。污泥浓缩有重力浓缩、气浮浓缩、机械浓缩。浓缩后污泥的含水率可降至 95％～97％。污泥脱水去除的主要是污泥中的吸附水和毛细水，一般可使污泥含水率从 96％左右降低至 60％～85％。污泥脱水的方法主要有自然干化和机械脱水。自然干化法应用比较少；机械脱水方法有真空吸滤法、压滤法和离心法。

稳定化和无害化处理工艺有污泥厌氧消化、污泥好氧消化、污泥堆肥、石灰稳定、污泥湿式氧化。营地污水处理规模小，污泥量少，因此，海外营地可以采用污泥好氧消化。

3. 污泥的处置和利用

目前国内污水处理厂污泥大多采用卫生填埋方式处置，国外许多国家对污泥处置一般采用农肥利用与土地处理、污泥堆肥、卫生填埋、焚烧和投海等。

（1）农肥利用与土地处理。污泥可以作为营区农作物的肥料和园林绿化肥料直接使用，也可以作为土壤改良剂直接改造土壤。污泥作为农肥利用时，须满足《城镇污水处理厂污泥处置　农用泥质》（CJ/T 309）的规定，将符合农用标准的污泥经过堆肥处理后使用；污泥作为土壤改良剂时，须满足《城镇污水处理厂污泥处置　土地改良用泥质》（CJ/T 291）的要求。污泥农肥利用如图 4-6 所示。

（2）污泥堆肥。污泥堆肥是在一定条件下通过微生物的作用，使有机物不断被降解和稳定，并生产出一种适宜土地利用的产品的过程。堆肥一般分为好氧堆肥和厌氧堆肥两种。好氧堆肥是在有氧情况下有机物料的分解过程，其代谢产物主要是二氧化碳、水和

图 4-6 污泥农肥利用

热；厌氧堆肥是在无氧条件下有机物料的分解，厌氧分解最后的产物是甲烷、二氧化碳和许多低分子量的中间产物，如有机酸等。厌氧堆肥与好氧堆肥相比较，单位质量的有机质降解产生的能量较少，而且厌氧堆肥通常容易发出臭气。由于这些原因，几乎所有的堆肥工程系统都采用好氧堆肥。污泥堆肥如图 4-7 所示。

图 4-7 污泥堆肥

（3）卫生填埋。卫生填埋是把脱水污泥运到卫生填埋场与营地垃圾一起，按卫生填埋操作进行处置的工艺，常见的有厌氧和兼氧卫生填埋两种。卫生填埋法处置具有处理量大，投资省，运行费用低，操作简单，管理方便，对污泥适应能力强等优点；但缺点是占地大，渗滤液及臭气污染比较严重。卫生填埋法适用于填埋场选地容易、运距近、有覆盖土的地方。污泥卫生填埋如图 4-8 所示。

（4）焚烧。焚烧既是一种污泥处理方法，也是一种污泥处置方法，利用污泥中丰富的生物能发热，使污泥最大限度地减容。焚烧可以杀灭所有的病菌病原体，有毒有害的有机残余物也被氧化分解。产生的焚烧灰可作为生产水泥的原料，显而易见，在海外营地中污泥处置不适合采用这种方法。污泥焚烧如图 4-9 所示。

图 4-8 污泥卫生填埋

图 4-9 污泥焚烧

（5）投海。污泥投海曾经是沿海城市污水处理厂污泥处置最常见的方法，海洋倾倒操作简单，对于沿海的工程营地来说其处理费用较低。但是，随着生态环境意识的加强，人们越来越多地关注污泥海洋倾倒对海洋生态环境可能存在的影响。美国于 1988 年已禁止污泥海洋倾倒，1998 年年底，欧共体城市废水处理法令（91/271/EC）已经禁止其成员国向海洋倾倒污泥。中国于 1994 年初接受 3 项国际协议，承诺于 1994 年 2 月 20 日起不在海上处置工业废水和污水污泥。

国外的城市污水污泥处理与处置已经有 100 多年的历史，无论是进行有效利用还是进行卫生填埋处置，污泥处理的目的与其他废弃物的处理一样，都是以减量化、稳定化、无害化和资源化为目的，通过各种机械和各种处理构筑物的有机结合，起到浓缩污泥的作用。目前，美国和英国以农肥利用为主，西欧以污泥填埋为主，日本以焚烧为主，澳大利亚以污泥填埋和投海为主。

欧盟国家对污泥处置的发展趋势进行综合分析，由于可使用土地面积、处理成本、越来越严格的环境标准以及资源回收政策的普及，同时考虑到未来几十年污泥性质的巨大变化等因素，2005 年欧盟各国采用污泥处置方式的比例为：回收利用占 45%，焚烧占38%，填埋占 17%。

第 **5** 章

污水处理模块化设计

5.1 污水处理模块的概念

模块是系统中一个具有独立功能的部分；模块化是一种处理复杂系统的方式。污水处理是一个高科技且含有多项工艺的集成技术，工艺繁杂、精确度差，全靠设计者的喜好和经验来选择工具和参数。生活污水处理无论是设施还是设备，也多是工艺出多门、参数不统一、出水难达标，因此把非标的设备和产品进行模块化是解决这个问题的关键。

污水处理模块（图 5-1）的设备舱选用 20 尺或 40 尺标准集装箱模块，符合公路运输及海运的尺寸要求。改变以往地埋放置的方式，既便于操作与维修，又能延长设备寿命。

图 5-1　污水处理模块

　　污水处理模块化要选用经典工艺，也就是对生活污水处理来说成熟、可靠、廉价的工艺技术，这样工艺功能划分简单、运行成本合理、可控性高，可确保出水水质全面稳定地达到一级 A 排放标准或中水回用标准。增加污水处理模块即可满足处理能力的高需求。

　　污水处理模块化的自控系统可实现全自动智能运行，远程控制和无人值守，实现与管理信息化平台实时交互；同时具备数据采集与处理功能，系统管理和监视功能，人机界面功能，事件/事故报警处理功能报表及打印功能等。

5.2　污水处理模块的类型

　　目前营地的污水处理设备大多使用地埋式，且工艺采用较为成熟的生化处理技术——接触氧化法。如图 5-2 所示为地埋式一体化污水处理设备。地埋式一体化污水处理设备虽然有占地小、保温好、地面上可做绿化等优点，但是要进行土方开挖、回填以及混凝土

（a）安装前的地埋式一体化污水处理设备

（b）安装后的地埋式一体化污水处理设备

图 5-2　地埋式一体化污水处理设备

施工等。而且对于在海外缺少水泥、人工费较高的国家以及常年冻土的地区，使用地埋式污水处理设备就体现出方案设计的不合理，从而增加营地建设的时间和成本。

为了减少现场设备的安装时间，营地的污水处理采用集装箱式，例如一体化分布式生活污水处理系统、一体化组合式曝气生物滤池（BAF）系统和集装箱模块 ZWST 一体化污水处理系统等。其系统介绍如下：

5.2.1　一体化分布式生活污水处理系统

一体化分布式生活污水处理系统采用膜生物反应器（Membrane Bio Reactor，MBR），就是将生物技术与膜的高效分离技术集成的一种新型高效污水处理与回用工艺。处理后的排放水可达到《污水综合排放标准》（GB 8978）一级排放标准，一般情况下可以满足国外标准。

一体化分布式生活污水处理系统的全套设备都集成在 20 尺（6m×2.35m×2.89m）、40 尺（12m×2.35m×2.89m）标准集装箱内，根据实际营地污水处理量、营地总图规划等来选择集装箱的规格。同时可根据客户需求、项目特点以及营地所在的地方特色设计优化外观。

一体化分布式生活污水处理系统分为设备间和生化反应池。设备间主要有抽吸泵、鼓风机、臭氧发生器或者紫外线消毒器、控制柜以及管道；生化反应池包括厌氧池、缺氧池、好氧池和 MBR 膜组件池，如图 5-3 所示。一体化生活污水处理系统内部结构如图 5-4 所示。

图 5-3　MBR 膜组件池

污水经格栅进入调节池后经提升泵进入生物反应器，污水在厌氧、缺氧、好氧三种不同的环境条件和不同种类的微生物菌群有机配合，同时具有去除有机物、脱氮除磷的功能，通过 PLC 控制器开启曝气机充氧，生物反应器出水经循环泵进入膜分离处理单元，浓水返回调节池，膜分离的水经过快速混合法氯化消毒（次氯酸钠、漂白粉、氯片）后，进入中储

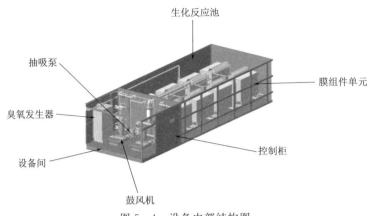

图 5-4 设备内部结构图

水池。反冲洗泵利用清洗池中处理水对膜处理设备进行反冲洗，反冲污水返回调节池。通过生物反应器内的水位控制提升泵的启闭。膜单元的过滤操作与反冲洗操作可自动或手动控制。当膜单元需要化学清洗操作时，关闭进水阀和污水循环阀，打开药洗阀和药剂循环阀，启动药液循环泵，进行化学清洗操作，如图 5-5 所示。图 5-6 为实际应用示意。

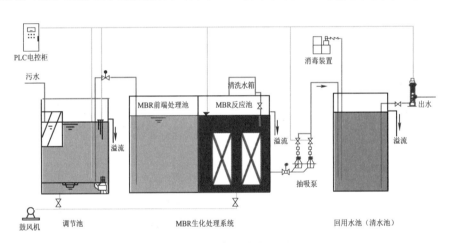

图 5-5 设备工艺流程图

在膜组件中，活性微生物与污水充分接触，不断氧化降解污水中的有机物，未被微生物降解的悬浮物、胶体、细菌等被膜截留并继续被微生物降解，从而实现对生活污水的净化。

1. 性能指标

（1）日处理量：25～5000t/d。

（2）适用水源：生活污水。

（3）核心膜组件寿命：5 年以上。

（4）出水水质：一级 A 回用（GB 18918）；可回用于生活杂用、绿化等方面。

（5）膜材料：PVDF、膜孔径 0.02μm。

一体化分布式生活污水处理设备运行参数见表 5-1。

图 5-6　实际应用

表 5-1　　　　　　　　　一体化分布式生活污水处理设备运行参数表

最高使用温度	40℃	pH 值	1～10
工作压力	0～60kPa	最高过膜压差	250kPa
过滤周期	10～15min	反洗历时	0～15s
停留时间	4h 以上	容积负荷	BOD：1.2kg/(m³·d)
MLSS 浓度	3000～15000mg/L	MLSS 运行浓度	5000～6000mg/L

2. 进水水质指标

(1) 动植物油：80 mg/L 以下，矿物油 3 mg/L 以下。

(2) 经过标准化粪池或厌氧罐预处理后的生活污水。容积负荷 BOD 为 1.2kg/(m³·d)；MLSS 浓度范围为 3000～15000mg/L；MLSS 正常运行浓度范围为 5000～6000mg/L。

3. 智能一体化分布式生活污水处理设备出水水质指标

出水水质：BOD≤5.0mg/L；COD_{Cr}≤50mg/L；有机物≤0.1mg/L；浊度≤1.0NTU。

可见，在进水水质符合要求的情况下，智能一体化分布式生活污水处理系统出水可以同时满足国家一级 A 排放标准（GB 8978）并可达到《城市污水再生利用　分类》（GB/T 18919）。

4. 技术特点

(1) 高度集成化。真正实现了污水处理设备的集成化，鼓风机、出水泵、加氯消毒泵、加药泵、储药桶、电控柜、流量控制等部件均安装于设备间内，膜组件单元安装于生化反应池内，整台设备采用全封闭结构设计，大幅减少了污水处理系统内的管网布设，布局简洁明快。

(2) 可稳定提供高品质的出水。采用目前国际上先进的 MBR 工艺，处理效率高，在较为宽泛的原水条件下，均能够持续稳定地提供高品质的出水，出水清澈，水质达到一级 A 标准，并可作为再生水安全进行回用，经济性好，易于为再生水用户接受使用。

(3) 膜使用寿命长。采用的 PVDF 膜组件均具有良好的化学稳定性、抗污染性以及足够的机械强度，正常使用条件下寿命超过 5 年，一般可长达 7～10 年。

（4）节省占地。设备结构紧凑，其体积是相同处理能力接触氧化设备的 $1/4 \sim 1/3$，是普通 MBR 设备的 $1/2 \sim 2/3$。

（5）膜组件的可互换性。兼容了目前世界上多家主流膜制造商提供的标准化规格的膜组件，用户在设备投入使用之后，可以根据实际需要从多家厂商选择更换膜组件。

（6）产水率高。以膜组件替代了砂滤和活性炭过滤等单元，膜组件反冲洗时采用自身处理后的水，因此设备几乎不耗水，产水率接近 100%，可以最大限度地变废为宝。

（7）方便采购。实现了中小型污水、中水处理设施的装备化、产品化，覆盖了处理能力为 $50 \sim 200 \mathrm{m^3/d}$ 的标准成套设备。用户可以避免以往污水、中水处理系统采购模式所带来的买方审核、协调各专业分包商交叉施工和供方深化设计、二次进场施工等大量交易成本，可以直接以机电设备采购形式执行，大大方便用户的采购管理。

（8）安装现场要求低。可安装于任何有足够承重能力的室外平坦地面上，设备自身带有防雨淋和通风设施，不需现场任何额外装备，便于野外作业及应急使用。

（9）模块化、标准化结构，安装方便。特色的结构设计，遵循模块化、标准化的设计思想，设备各标准化部件可在现场快速装配，拥有一般机电设备安装经验的施工人员均可胜任，安装工期短并可有效控制质量。

（10）全自动无人值守运行。控制系统具备全自动、软操作和手动三种运行模式。安装调试或维修时使用手动或软操作模式，设备正常运行时采用全自动模式，可以实现设备的无人值守运行，方便用户操作使用。

（11）自主节能间歇运行。考虑到建筑中水设施原水水量普遍具有一定的波动性，设备可实现间歇运行，根据原水量与中水用量的变化来决定自身是满负荷运行模式还是待机节能模式。当原水量不足、调节池液位处于程序预设定的超低液位时，污水提升泵会自动停止向设备提升污水，生化反应池的水位也下降到超低液位，此时抽吸泵也会停止运行，而鼓风机则进入间歇工作状态，设备处于待机状态，既节省能耗，又可维持微生物的活性。

（12）抗冲击负荷。膜池内的活性污泥浓度可高达 $8 \sim 12 \mathrm{g/L}$，是其他工艺无法实现的，同时膜组件本身也可直接截留悬浮物及大分子物质，因此设备具有很好的抗冲击负荷能力，可以从容应对来水的变化，确保持续提供高品质出水。

（13）在线清洗系统便捷可靠。任何膜处理过程都存在膜污染的问题，膜污染是影响 MBR 工艺长期稳定运行的关键因素。设备采用了便捷可靠的在线清洗措施，当膜需要清洗时，无需把膜组件从生化反应池中取出，就可以直接进行在线清洗，从而最大程度地延长膜的使用寿命。

（14）智能化管理。采用可编程序控制器（PLC）作为下位机，具有多种运行模式切换、在线参数调整、故障智能提示、用户分级管理、配方管理、数据管理、远程通信等功能，实现了水处理系统的智能化管理。

（15）能耗低。处理后水采用负压抽吸，操作压力非常低，一般在 $5 \sim 20 \mathrm{kPa}$（$0.05 \sim 0.2 \mathrm{atm}$），设备内无其他大功率部件，因此运行能耗很低，一般吨水处理能耗为 $0.7 \sim 1.2 \mathrm{kW \cdot h}$。

（16）噪声低。噪声污染是建筑中水设施普遍存在的问题，机电设备运转时都会产生噪声，设备将噪声源（主要是鼓风机）都集中设置在设备间内，以专有的消音技术对设备内部进行了消音结构设计，使得噪声对周围环境的影响降到了最低。

（17）废气安全排放。生化反应池废气安全排放的问题在目前的建筑中水设施中普遍未得到重视。设备采用全封闭结构设计，对于生化反应池产生的废气进行有组织排放。这样，一方面使中水处理系统内的空气质量得到良好保证，另一方面增设废气的臭氧处理单元，使废气经过消毒后安全排出室外。

（18）剩余污泥产量极低。剩余污泥产量极低，排泥周期一般为 3～6 个月，由于污泥量少，可排入附近的化粪池，随吸粪车外运，节省了污泥处置费用。

5.2.2 一体化组合式曝气生物滤池（BAF）系统

一体化组合式曝气生物滤池系统集生物氧化、硝化、反硝化等功能模块于一体，并配套设置有滤池清洗系统、污泥浓缩系统及紫外线消毒系统。在对有机污染物去除的同时，实现脱氮除磷和消毒作用。如图 5-7 是设备外观示意，图 5-8 为一体化组合式曝气生物滤池系统的工艺流程。

图 5-7　设备外观

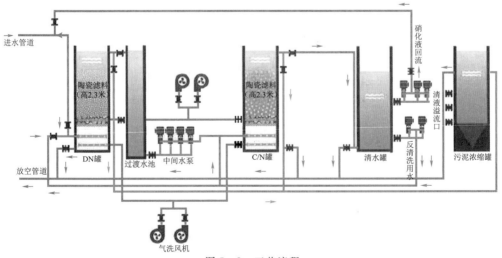

图 5-8　工艺流程

工艺描述：原污水先经过格栅去除粗大漂浮物、悬浮物后由污水泵提升至强化预处理系统。强化预处理系统为具有沉砂、除油、沉淀作用的斜管沉淀池，其处理后的出水自流至中间水池，通过泵提升至上流式曝气生物滤池进行生物降解，滤池出水即达到排放标准。当滤池运行一定时间后，由于微生物膜增厚，导致出水 SS 增高，这时必须进行反冲洗，反冲洗水来自中间水池。而反冲洗水排至集水井，从而进排入污水处理系统。整个系统的污泥从沉淀池排出。

一体化组合式曝气生物滤池工艺设备的特点如下：

（1）具备生物氧化降解和过滤双重作用，出水水质优且稳定。

（2）氧传输效率高，运行成本低。

（3）抗冲击能力强，无污泥膨胀问题。

（4）容积负荷高，池体容积占地面积小，基建成本低。

（5）易挂膜，系统启动快，脱氮效率高。

（6）模块化结构，运行简单，自动化程度高。

一体化组合式曝气生物滤池工艺设备设计进出水水质见表 5 - 2。

表 5 - 2　　　　　　一体化组合式曝气生物滤池工艺设备设计进出水水质　　　　　单位：mg/L

序号	污染源因子	进水浓度	出水浓度
1	BOD_5	≤150	≤10
2	COD_{Cr}	≤300	≤40
3	SS	≤200	≤5
4	$NH_3 - N$	≤30	≤5
5	TN	≤45	≤10
6	TP	≤3	≤0.5
7	粪大肠杆菌群数	≤45	≤1000 个/L
8	pH 值	6~9（无量纲）	6~9（无量纲）

一体化组合式曝气生物滤池工艺设备的主要设计参数见表 5 - 3。

表 5 - 3　　　　　一体化组合式曝气生物滤池工艺设备的主要设计参数

序号	参　　数	数　　值
1	氨氮容积负荷	≤10.4~0.6kg$NH_3 - N$/(m³ · d)
2	硝态氨容积负荷	0.8~1.2kg$NO_3 - N$/(m³ · d)
3	BOD 负荷	1.2~2.0kgBOD_5/(m³ · d)
4	反硝化区表面水力负荷	8.0~10.0m³/(m³ · h)
5	碳/硝化区表面水力负荷	2.5~4.0m³/(m³ · h)
6	反硝化区填料层（空）停留时间	20~30min
7	碳/硝化区填料层（空）停留时间	70~80min
8	消化液回流比	0~200%

5.2.3 集装箱模块 ZWST 一体化污水处理系统

MBBR 工艺兼具传统流化床和生物接触氧化两者的优点，运行稳定可靠，抗冲击负荷能力强，脱氮效果好，是一种经济高效的污水处理工艺。集装箱模块 BEST 一体化污水处理设备出水水质达到《城镇污水处理厂污染物排放标准》（GB 18918）中的一级 A 排放标准及《城市污水再生利用 城市杂用水水质》（GB/T 18920）中部分回用水水质标准。如图 5-9 所示为外观示意。

图 5-9 集装箱模块 ZWST 一体化污水处理设备

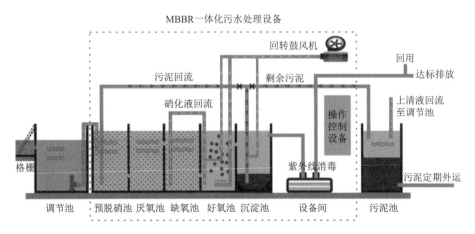

图 5-10 工艺流程图

集装箱模块 ZWST 一体化污水处理系统工艺流程如图 5-10 所示。其处理工艺中，污水通过粗/细格栅去除污水中大块悬浮物固体后流入调节池；污水在调节池中进行均质、均量处理；通过提升泵将调节池中污水送入 A3/O＋MBBR 一体化设备中进行生化处理，并经紫外线消毒后达标排放；系统产生的污泥排入污泥池，经重力浓缩后定期拉运处置，上清液回流至调节池，有条件地区可设置污泥干化池，干化后装袋与生活垃圾共同填埋。

集装箱模块 ZWST 一体化污水处理设备的具体规格见表 5－4。

表 5－4　　　　　　　　集装箱模块 ZWST 一体化污水处理设备规格

型号规格	外观尺寸/m	装机功率/kW	设备自重/t	运行重量/t	处理量/(t/d)		
					一级 A	一级 B	二级
ZWST－30	5.0×2.2×2.7	0.99	4.0	24.0	30	45	60
ZWST－60	6.0×2.7×2.7	1.23	6.0	40.0	60	80	100
ZWST－75（不含设备间）	6.0×2.7×3.0	1.58	6.7	40.5	75	100	150
ZWST－100	9.0×2.7×3.0	2.33	10.0	58.0	100	135	220
ZWST－150	12.0×2.7×3.0	3.03	14.3	86.2	150	200	330
ZWST－200	16.0×2.7×3.0	3.46	20.0	115.8	200	275	400

集装箱模块 ZWST 一体化污水处理设备工艺具有以下优势：

①氨氮去除率 98％以上，总磷去除率 90％以上；②无异味，无需添加药剂；③能耗成本：0.4～0.6kW·h/t 污水；④智能精确曝气回流控制，多点气提技术，更加节能。

集装箱模块 ZWST 一体化污水处理装置具有以下独特优势：

①最优工艺设计，其设计水量不留余量，只需预留后期建设用地，专业化外观设计，与周围环境相融合；②建设选点可集中也可分散，大大减少污水主管网及中间泵站的建设，大幅度降低基建投资；③一体化结构设计，污水站土建工程量少，投资少；④全自动化设计，维护管理技术低，员工人数少，劳动强度低，实施远程监控及控制及自动化设计，并实现集群联网；⑤采用变频设备，模块化组装设计，安装、运输、升级高效，抗风险能力强，能耗低；⑥反应器中微生物处在内源呼吸区，剩余污泥的产生量很少，浓度大，可直接进行脱水，大大节省了污泥处理的费用；⑦一体化装置出水达到国家《城镇污水处理厂污染物排放标准》（GB 18918）一级 A 标准，大部分指标达到回用标准，经简单深度处理后可回用，有效提高水资源的利用率。

模块污水处理设备的应用范围为：

①临时工地的污水处理或回用；②车站、码头、机场、高速公路服务区生活污水处理；③城镇和农村的居民小区、学校、宾馆、风景区等污水处理（图 5－11）；④军队营地、工程营地的污水处理。

以上三种工艺的污水处理设备，其排放标准可以达到中国一级 A、一级 B 和二级排放标准。

图 5-11　生活污水处理应用及污水处理前后的对比

5.3　污水处理模块的选型

污水处理模块选型首先要确定工程营地的污水排放标准和处理工艺，再结合工程营地日污水量，通过以上三个数据来选择污水处理模块的规格。

5.3.1　污水处理工艺的选定

污水处理工艺的选定，主要依据以下因素：

1. 污水排放标准与工艺

污水处理的排放标准主要取决于接纳水体的功能与容量，这是污水处理工艺流程选定的主要依据。

（1）根据营地所在国家的当地环境保护部门对该受纳水体规定的水质标准进行确定，即当地的排放标准。每个国家的污水排放标准都不同，即使同一个国家不同地区的污水排放标准也不同。对于海外污水排放标准，要与中国污水排放标准的各项指标限值进行对比，得出该工程营地的污水排放标准适合哪一个污水排放标准等级。如没有明确污水排放标准时，可按中国的《城镇污水处理厂污染物排放标准》（GB 18918）中的一级 A 标准执行。

（2）按污水处理模块进行处理后的出水所能达到的排放标准。

（3）考虑利用接纳水体自净能力的可能性，并需取得营地所在国家的当地环境保护部门的同意。

（4）根据排放标准设计污水处理的工艺。

2. 工程造价与运行费用

工程造价与运行费用也是工艺流程选定的重要因素。以原污水的水质、水量为已知条件，以处理水应达到的水质指标为制约条件，以处理系统最低的总造价和运行费用为目标函数，建立三者之间的相互关系。

3. 营地所在国家的当地条件

营地所在国家的当地的地形、气候等自然条件，原材料与营地电力供应等情况。

5.3.2 确定污水量

确定好污水的排放标准和污水处理工艺后，接着要设计模块污水处理设备的大小，即确定污水处理的设计流量。进入模块污水处理设备的营地污水主要是生活污水。

1. 平均日污水量

平均日污水量一般用于表示污水处理模块设备的处理量。结合营地的功能特点，平均日污水量的计算方法为

平均日污水量＝平均日营地综合生活污水量

平均日营地综合生活污水量＝平均日营地居民生活污水量＋平均日营地公共建筑污水量

其中，居民生活污水指居民日常生活中洗涤、冲厕、洗澡等日常生活用水；公共建筑污水指娱乐场所、浴室、和办公楼等产生的污水。

现状污水量可根据实测数据，对于营地规划污水量预测和现状缺乏实测数据情况下，综合生活污水量的估算为

平均日综合生活污水量＝平均日综合生活污水量×综合生活污水排放系数

综合生活污水排放系数见表 5-5。

表 5-5   综合生活污水排放系数

污水分类	污水排放系数
综合生活污水	0.80~0.90

综合生活污水排放系数主要由居住区、公共建筑的室内排水设施与城市排水设施完善程度决定，完善程度高取高值；反之，取低值。

综合生活用水量指标可参见《室外给水设计标准》（GB 50013）表 4.032。营地的规划生活用水量指标首先推荐采用当地规划的生活用水量指标，在缺乏当地规划生活用水量指标的情况下，规划生活用水量指标可参见《城市给水工程规划规范》（GB 50282）表 2.2.4。在营地规划中明确用地性质的情况下，可参见（GB 50282）表 2.2.51~表 2.2.5-4。

2. 设计流量

营地的综合生活污水的设计流量计算方法如下

$$Q_w = \frac{nNK_z}{24 \times 3600} \tag{5-1}$$

式中　Q_w——设计综合生活污水流量，L/s；

　　　　n——居民生活污水定额，L/(人·d)；

　　　　N——设计人口数；

K_z——生活污水量总变化系数。

生活污水定额可参考居民生活用水定额或综合生活用水定额。

（1）居民生活污水定额。居民每人每天日常生活中洗涤、冲厕、洗澡等产生的污水量，L/(人·d)。

（2）综合生活污水和公共设施（包括娱乐场所、宾馆、浴室、商业网点、学校和机关办公室等地方）两部分产生的污水总和。

居民生活污水定额和综合生活污水定额应根据工程营地所在国家地区采用的用水定额（当不要求按国外标准或没有国外标准时，可参考中国标准），结合建筑内部给水设施水平和排水系统普及程度等因素确定。在按用水定额确定污水定额时，对给排水系统完善的工程营地可按用水定额的 90% 计，一般的工程营地可按用水定额的 80% 计。设计中可根据选用的用水定额确定污水定额。若工程营地所在国家地区缺少实际用水定额资料时，可根据中国的《室外给水设计标准》（GB 50013）规定的居民生活用水定额（平均日）和综合生活用水定额（平均日）（附录2），结合工程营地的实际情况选用。然后根据工程营地的建筑内部给排水设施水平和给排水系统完善程度确定居民生活污水定额和综合生活污水定额。

综合生活污水量总变化系数可根据当地实际综合生活污水量变化资料采用，当然一般情况下，营地建设都远离城市，很难获得可靠的参考资料，可按表5-6取值。

表5-6　　　　　　　　　　综合生活污水量总变化系数

平均日流量/(L/s)	5	15	40	70	100	200	500	$\geqslant 1000$
总变化系数	2.3	2.0	1.8	1.7	1.6	1.5	1.4	1.3

注　当污水平均日流量为中间值时，总变化系数可用内插法求得。

以工程营地人数为基础，通过式（5-1）计算出对应的工程营地日污水量（表5-7），再参照中国一级A、一级B以及二级的排放标准来选择污水处理设备的型号，营地污水处理模块选型见表5-8。

表5-7　　　　　　　　　　　营地日污水量

营地大小（按人数分类）/人	100	150	200	300	500	1000	1500
综合生活污水流量/(L/s)	0.22	0.32	0.43	0.65	1.08	2.15	3.23
营地日污水量/(m³/d)	19	27.65	37.15	56.16	93.31	185.76	279.07

注　1. 该表计算中，综合生活用水定额取150L/(人·d)。生活污水量总变化系数 $K_z = 55$。
　　2. 该表中计算结果保留两位小数。

表5-8　　　　　　　　　　营地污水处理模块选型

营地大小 （按人数分类）/人	营地日污水量 /(m³/d)	排 放 标 准	设 备 型 号
100	19	一级A	ZWST-25
150	27.65	一级A	ZWST-30
200	37.15	一级A（一级B）	ZWST-40（ZWST-30）

续表

营地大小 （按人数分类）/人	营地日污水量 /(m³/d)	排 放 标 准	设 备 型 号
300	56.16	一级 A（二级）	ZWST - 60（ZWST - 30）
500	93.31	一级 A（一级 B）	ZWST - 100（ZWST - 75）
1000	185.76	一级 A（一级 B）	ZWST - 200（ZWST - 150）
1500	279.07	一级 A（二级）	两个 ZWST - 150（ZWST - 150）

注 1. 表中的设备型号集装箱模块 ZWST 一体化污水处理设备为例，该设备采用的是 MBBR 工艺。

2. 根据工程营地的污水量和排放标准，可以选用 MBR 工艺、BAF 工艺的污水处理模块。

由于标准集装空间有限，污水处理模块的污水处理量有限制，对于营地人数较大时，一个污水处理模块不能满足污水的处理，可以选择两套污水处理量相对较小的模块，但总的污水处理量满足工程营地污水处理的设计（如表 5 - 8 中 1500 人营地设备的选型）。

第 6 章

营地规划

给排水系统就像人体中血液循环系统一样对营地的正常运行至关重要，其中给水处理和污水处理作为一进一出的关键环节尤为重要，因此它们在营地中如何布置就影响着营地水系统、营地内部环境以及营地外部环境。水处理模块中泵往往是噪音扰民的原因之一，即便是性能优良的进口泵，也同样存在运行噪声，再加上系统管路的水锤问题，情况会更严重，所以水处理模块放置的位置得当，就可以很大程度上缓解该类问题。

6.1 给水处理模块布置

给水处理模块选址应在整个营地给水系统设计方案中全面规划、综合考虑，通过技术

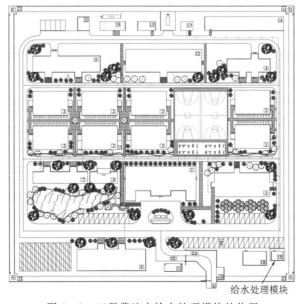

给水处理模块

图 6-1 工程营地中给水处理模块的位置

经济比较确定。给水处理有一体化设备和模块化设备两种方案可供选择。给水处理选址要考虑以下问题：

（1）对于经济性，要从设备成本、运输、安装、调试、运行等方面对两种方案进行综合比较。

（2）给水处理模块选址应尽量靠近营地水源。

（3）给水处理模块的位置应有良好的地质条件，以降低工程造价，便于施工安装。

（4）给水处理模块应布置在营地交通方便、靠近电源的地方，以利于降低输电线路的造价，与营地各功能性建筑合理规划，降低营地的运行管理和成本。

例如，图 6-1 中，红色框内为给水处理模块的位置。

6.2　污水处理模块布置

污水处理模块位置的选定与营地的总体规划，营地排水系统的走向、布置，处理后污水的出路等密切相关。当污水处理模块的位置有多种方案可供选择时，应从管道系统等方面进行综合的技术考虑、经济比较与最优化分析，并对方案进行反复论证后再确定。污水处理模块在营地中的位置的选择应遵循以下基本原则：

（1）污水处理模块应位于营地所在地区水体的下游。

（2）污水处理模块的位置应便于污水的收集、输送以及污水、污泥的排放和回用。

（3）污水处理模块的位置应具有良好的工程地质条件。

（4）位置应具有方便的交通环境和水电条件。

（5）营地规模比较大、地形有较大差异时，要充分利用地形，选择有适当坡度的地区，若有可能，宜采用污水不经泵站提升而自流流到污水集水井和调节池。

例如，哈萨克斯坦 TKU 公路项目中，营地的污水处理模块所在的位置，如图 6-2 所示。

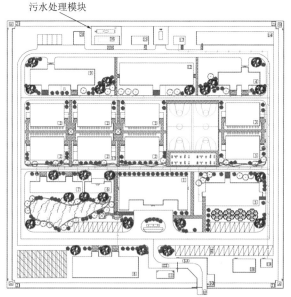

图 6-2　工程营地中污水处理模块的位置

6.3　与其他专业的协同

营地水处理模块设计过程中，多个专业既应各司其职，又应紧密配合、相互协作才能顺利完成。涉及相关专业主要包括总图专业、建筑专业、结构专业、电气专业、暖通专业等。各个专业都需要相互沟通、反馈专业条件信息，以便及时发现设计中可能出现的相互冲突和矛盾，营地项目可以使用 BIM 技术进行室外综合管廊设计、施工管理、运行等，以便及时发现问题、协调解决。

1. 与总图专业的关系

首先根据营地规模、当地环境、环保要求等确定水处理模块的工艺、处理量以及水处理模块的规格，然后提交给营地总图专业。营地总图专业结合营地的建筑功能布局、道路、绿化、管沟等详细情况规划水处理模块的位置。

2. 与建筑专业的关系

水处理模块是营地的一部分，需要建筑专业的参与设计。向建筑专业提供水处理模块需要的基础或功能性设备机房等要求。经双方交流后确认完成图纸的设计，再将图纸交给后续相关专业。

3. 与结构专业的关系

设计过程中与结构专业的配合至关重要，因为结构专业在建筑设计中与建筑专业同是主体专业，结构设计的优劣事关整个建筑设计的成败，说严重些是人命关天的大事，因此在配合设计过程中一定要采取认真仔细的态度；另一个原因是结构专业在施工过程中往往是一次性不可逆的，混凝土浇筑成型后再想开洞；就非常困难了，即使是花费大量的人力和资金，后开洞的效果多少会对原结构产生破坏；因此，与结构专业的配合至关重要。例如，水处理模块所需要的基础设计时标明基础形状、定位尺寸的平面图，还应另附基础的剖面图，以反映出其埋深情况和距离建筑面层的高度；对于板式基础的厚度，需要注意应当比所载的固定设备使用的螺栓稍长些，让预埋螺栓有的放矢等。

4. 与电气专业的关系

对于用电设备的供配电设计是一个重要的环节。模块化的水处理设备已经将控制系统和设备集成，例如该模块的照明、水处理核心设备、通风空调等，只需把模块总的耗电功率提交给电气专业，电气专业根据整个营地来合理设计供配电，同时对该设备的启停控制、是否设置备用，以及有无同时使用等情况作详细要求，避免配电不足。另外还有对弱电的要求，实现远程或物联网监视与控制水处理模块的运行情况。

5. 与暖通专业的关系

在设备间中每个专业管道的净高合理分层，按电上、风中、水下的基本原则把不同专业的桥架、风管、水管甚至是设备错开摆放，划分各自的走管范围，最后经各专业确认无误后统一执行。模块化水处理设备根据营地所在寒冷地区的需求进行采暖设计，采暖由暖通专业设计；临时增加一些采暖设备时，也要将增加设备的电负荷提供给电气专业。

第 7 章

案例

7.1 案例一——委内瑞拉金矿营地项目

7.1.1 项目概况

项目位置在委内瑞拉玻利瓦尔州埃尔卡亚俄市，营地建在距离矿区作业区 1.2km 左右。为委内瑞拉黄金营地项目设计给水处理设备和生活污水处理设备。

委内瑞拉北临加勒比海与大西洋，东与圭亚那为邻，南同巴西接壤，西与哥伦比亚交界，而在委内瑞拉外海则有阿鲁巴、荷属安的列斯（皆为荷兰的海外自治领土）与特立尼达和多巴哥等岛屿邦国。

委内瑞拉境内除山地外基本上属热带草原气候。气温随降水量和地热高低的不同而变化。山地温和，低地炎热。年平均气温为 26～28℃。年平均降水量从北部沿海往南由500mm 递增至 3000mm 左右。降水最多的奥里诺科河上游盆地，年平均降水量达3000mm 以上。该地区平均气温及降水量见表 7-1。

表 7-1　　　　　　　　　　　埃尔卡亚俄年平均温度及降水量

参　　　数	1月	2月	3月	4月	5月	6月	7月	8月	9月	10月	11月	12月
平均温度/℃	25.4	25.6	26.5	26.9	27.1	26.4	26.2	26.5	27	27.2	26.8	25.8
最低温度/℃	20.9	20.6	21.5	21.9	22.4	21.9	21.5	21.5	21.6	21.8	21.7	21.1
最高温度/℃	30	30.7	31.6	32	31.8	30.9	30.9	31.6	32.4	32.6	31.9	30.6
降水量/mm	67	48	36	65	130	169	164	131	87	83	74	95

委内瑞拉金矿营地项目设计 10 年以上的使用寿命，满足 120 人的居住生活、60 人办公的基本需求。营地建筑由 2990mm×6055mm 和 1920mm×6055mm 箱式模块房屋连拼而成，整体呈"U"形，中间场地部分可作为篮球场及公共活动区域。设置办公室、会议室、居住房间、厨房餐厅、仓库、公共卫生间、洗衣房、活动室等。公共卫生间和独立卫生间满足 120 人使用。给水水源为河流水，每天由拉水车给营地运输水。营地室外给排水图如图 7-1 所示。

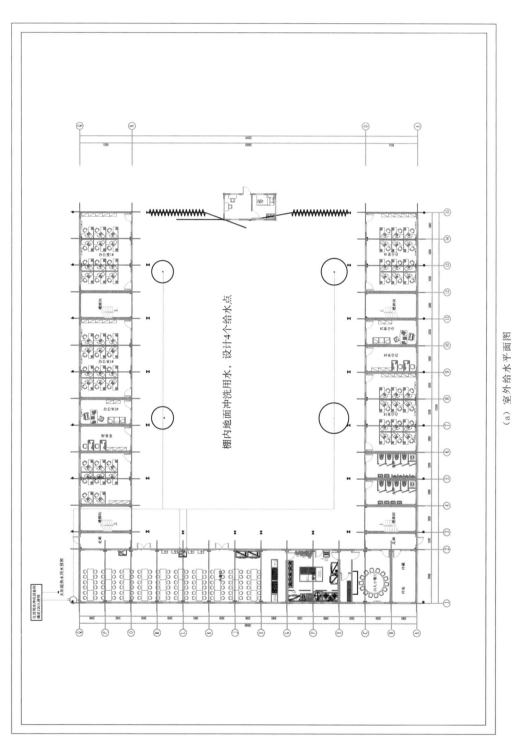

（a）室外给水平面图

图 7-1（一） 营地室外给排水图

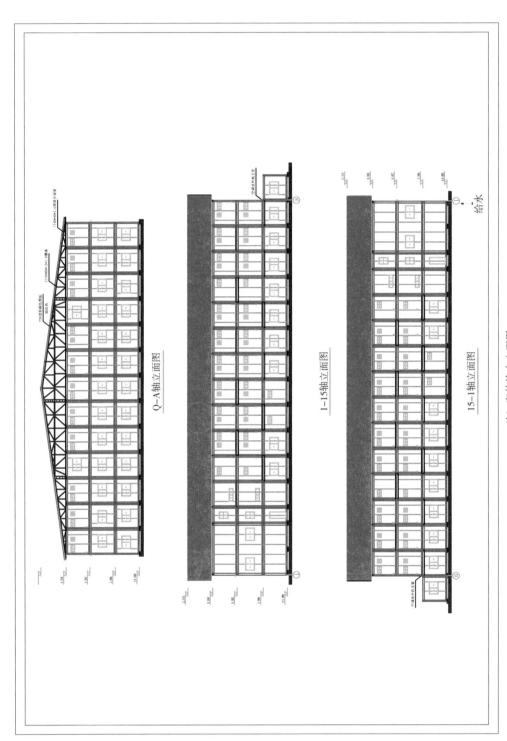

Q-A轴立面图

1-15轴立面图

15-1轴立面图

给水

（b）室外给水立面图

图 7 - 1 （二） 营地室外给排水图

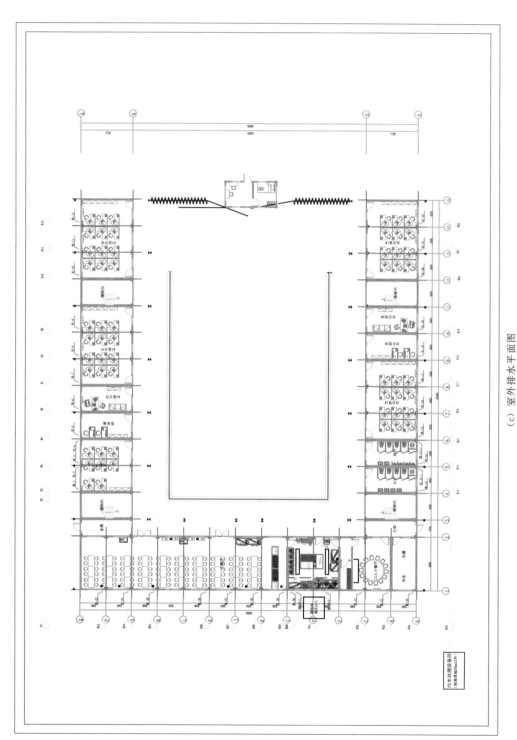

（c）室外排水平面图

图 7－1（三） 营地室外给排水图

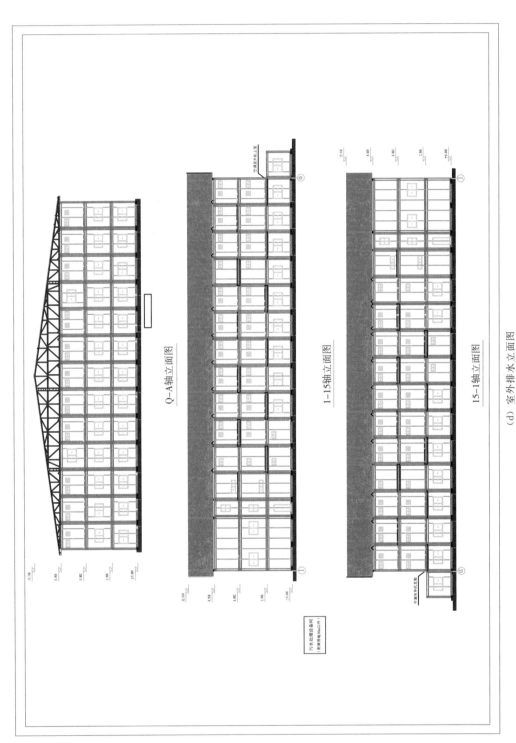

Q~A轴立面图

1~15轴立面图

15~1轴立面图

（d）室外排水立面图

图 7 - 1 （四） 营地室外给排水图

7.1.2 项目设计依据、原则和范围

1. 设计依据

(1)《城镇污水处理厂污染物排放标准》(GB 18918)。

(2)《城市污水再生利用 城市杂用水水质》(GB/T 18920)。

(3)《污水排入城镇下水道水质标准》(CJ 343)。

(4)《水污染治理工程技术导则》(HJ 2015)。

(5)《膜分离法污水处理工程技术规范》(HJ 579)。

(6)《环境保护产品技术要求 膜生物反应器》(HJ 2527)。

(7)《厌氧-缺氧-好氧活性污泥法污水处理工程技术规范》(HJ 576)。

(8)《室外给水设计标准》(GB 50013)。

(9)《室外排水设计规范》(GB 50014)。

(10)《给水排水管道工程施工及验收规范》(GB 50268)。

(11)《城镇污水再生利用工程设计规范》(GB 50335)。

(12)《生产设备安全卫生设计总则》(GB 5083)。

(13)《工业企业厂界噪声排放标准》(GB 12348)。

(14)《工业企业设计卫生标准》(GBZ 1)。

(15)《水处理设备性能试验 总则》(GB/T 13922.1)。

2. 设计原则

(1) 经济及效益原则。以最小的投资取得最大的效益,确保出水水质达到相关处理要求。

(2) 采用先进成熟可靠、节省投资的技术原则。选用技术先进、安全可靠、经济适用的污水及再生水处理工艺路线,降低投资,减少运行费用,力求运行可靠,操作简单、管理方便。

(3) 建筑布局实用美观的原则。根据项目实际情况合理用地,既使工程符合建设整体规划,又能和当地环境与建筑相协调。

(4) 节约运行费用原则。水处理工程除了一次性工程投资外,还包括日常运行费用。运行费用主要包括电源消耗、药品消耗和人力消耗。为了降低运行费用,在深化设计时,应结合工程使用情况,选择性能好、能耗低、使用寿命长的设备,在工艺条件许可和确保出水水质的情况下,尽量减少药品的投加,采用动力少的工艺。为了减轻操作人员的劳动强度,最大限度地减少人为因素的影响,在深化设计过程中应针对工艺的需要配置自动控制系统,以提升操作条件和管理水平。

3. 设计范围

(1) 营地的给水处理设备。

(2) 营地的污水处理设备。

7.1.3 设计基础数据

1. 设计给水处理水量

该营地给水处理量约为 29m³/d,见表 7-2。

表 7 - 2   给 水 处 理 水 量

项目序号	给水处理设备处理能力/(m³/d)
1	30

2. 设计污水处理水量

该营地污水汇总流量约为 1.2m³/h，日处理量为 30m³/d，见表 7 - 3。

表 7 - 3   污 水 处 理 水 量

项目序号	生活污水处理设备处理能力/(m³/d)
1	30

（1）设计污水进水、出水水质。

1）设计进水水质，见表 7 - 4。

表 7 - 4   设 计 进 水 水 质 表

废水种类	序 号	项 目	污水水质指标	水量（m³/d）
生活污水	1	pH 值	6～9	≤40
	2	COD_{Cr}/(mg/L)	≤400	
	3	BOD_5/(mg/L)	≤200	
	4	$NH_3 - N$/(mg/L)	≤30	

2）设计出水水质。

处理后的污水水质要求达到《城镇污水处理厂污染物排放标准》（GB 18918）一级 A 标准，见表 7 - 5。

表 7 - 5   设 计 出 水 水 质 表

序 号	项 目	污水水质指标
1	pH 值	6～9
2	COD_{Cr}/(mg/L)	≤50
3	BOD_5/(mg/L)	≤10
4	$NH_3 - N$/(mg/L)	≤5（8）

（2）污水处理工艺流程图（图 7 - 2）。

7.1.4 设备位置

1. 给水设备

给水的日处理量为 29m³/d，这个处理量一体化处理设备就可以满足要求，由于客户要求给水设备要设计营地外，营区内没有机房，因此选用集装箱给水处理模块 JZCBT - 200。运输到现场，安装在预制的基础上，与预留的管道连接、供电后，就可以进行设备调试。

2. 污水设备

根据污水处理量和工艺，设计采用 MBBR 工艺的集装箱模块 ZWST 一体化污水处理设备 ZWST - 30，日处理量为 30m³/d。设备到达现场根据图纸设计的位置直接安装在预定的位置，经过调试后，污水出水达到一级 A 排放标准。

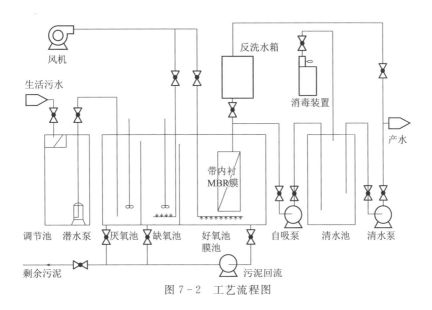

图 7-2 工艺流程图

7.2 案例二——某给水项目

供水人口：300 人

投产时间：2014 年

原水类型：井水

水质问题：浊度、微生物

设备类型：基座式给水处理模块

给水流程：

现场图片如图 7-3 所示，基座式给水处理模块如图 7-4 所示。

图 7-3 现场图片

图 7-4 基座式给水处理模块

7.3 案例三——某自来水厂项目

供水规模：1000m³/d

原水类型：地表水

水质问题：浊度、微生物、藻类

设备类型：集装箱式给水处理模块

给水流程：

集装箱模块化给水设备如图 7-5 和图 7-6 所示。

图 7-5 集装箱模块化给水设备

图 7-6　现场集装箱模块化给水设备

7.4　案例四——某污水处理项目

7.4.1　项目概况

该项目一共两座污水处理站，两座处理站分别对石门寨镇周边的小区及幼儿园的污水进行收集处理，处理量均为 500t/d。采用集装箱污水处理模块进行处理，每个处理站并设置不锈钢清水箱，出水达到《城镇污水处理厂污染物排放标准》（GB 18918）中的一级 A 标准。

7.4.2　项目工艺

采用"A2/O＋MBR"为主的处理工艺，同时结合格栅拦截、调节池等预处理手段。污水经过人工格栅及调节池进入 MBR 一体化装置。在一体化膜生物反应器内，培养大量的驯化细菌，在兼氧、好氧微生物的新陈代谢作用以及硝化液回流脱氮生物反应下，污水中的各类污染物得到去除，悬浮物和浊度在膜的高效分离作用下，处理出水清澈、透明，悬浮物和浊度接近于零。经消毒装置后出水达到《城镇污水处理厂污染物排放标准》（GB 18918）中的一级 A 标准。现场集装箱污水处理模块如图 7-7 所示。

图 7-7　案例四现场集装箱污水处理模块

7.5　案例五——某小区项目

7.5.1　项目概况

　　该污水处理站主要服务于小区，提供 2 台一体化污水处理设备，处理规模为 $400\text{m}^3/\text{d}$。一体化设备出水达到《城镇污水处理厂污染物排放标准》（GB 18918）一级 A 标准。该区域离市区较远，市政管网无法覆盖，若通过管道纳入市政管网内，管网行程长，地埋太深，在城市郊区施工困难，因此选择一体化污水处理设备就地处理方式，可节省大部分管网建设的投资，也可提高污水处理效率。

7.5.2　项目工艺

　　采用集装箱一体化污水处理设备，A0＋接触氧化法，利用缺氧区微生物反硝化和好氧区微生物的硝化氧化作用，配套气提回流技术和电解除磷技术，将水中碳、氮、磷等污染元素去除掉，达到水质净化的目的。

7.5.3　工艺特点

　　占地面积小、能耗低、抗冲击能力强、运行稳定、管理维护简便、自控程度高、可实现远程监控、设备运输灵活便捷、使用寿命长、标准集装箱运输、工艺技术先进、一体化设计定制化外观、土建费用较低。

　　现场集装箱污水处理模块如图 7-8 所示。

图 7-8　案例五现场集装箱污水处理模块

7.6　案例六——某生活污水处理项目

7.6.1　项目概况

　　该项目的集装箱污水处理模块采用膜处理技术，具有完备的系统配置，实现稳定优质的高标准出水水质指标；集装箱式设计实现了污水处理装备化，带来便捷的安装和使用体验；专利膜束式浸没式 MBR 组件设计，维护便捷，设备运行能耗更低，实现低消耗运营。主要应用于村镇、景区、别墅等不便于污水管网收集的点源污水处理场合。设备处理规模涵盖 25～200m³/d。

7.6.2 项目工艺

该项目集装箱污水处理模块采用厌氧—好氧—膜组合工艺，兼具降解有机物和脱氮的功能，实现 BOD 和 TN 深度处理。在传统生化处理的基础上，结合专利膜束式浸没式 MBR 组件设计，强化生化处理效果，运行能耗更低。

7.6.3 工艺特点

运行费用低、出水水质稳定、抗冲击负荷强、安装工期短、有利于污水的回用和资源化、污水就地处理、灵活应用。

现场集装箱污水处理模块如图 7-9 所示。

图 7-9 案例六现场集装箱污水处理模块

附　　录

附录1　基座式给水处理模块规格表

附表 1‑1　　　　　　　　基座式给水处理模块主要技术参数表一

型号 项目	JZMK‑Ⅱ‑B	JZMK‑Ⅲ‑B	JZMK‑Ⅳ‑B	JZMK‑Ⅵ‑B
处理水量＊1/(m³/h)	1.2～2.4	1.8～4.8	2.4～6.4	3.6～9.6
反洗水量/(m³/h)	2.0～5.0	3.0～7.0	4.0～8.0	6.0～9.0
原水泵功率/kW	0.55	0.75	0.75	0.90
反洗泵功率/kW	0.75	0.9	0.75	1.1
设备尺寸（$L \times W \times H$）/mm	780×780×1600	900×780×1600	1140×780×1600	780×1120×1600
设备自重/kg	108	140	170	210
供电电源	220V/50Hz	220V/50Hz	220V/50Hz	220V/50Hz
原水泵进水接口/mm	G1‑1/4″	G1‑1/4″	G1‑1/4″	G1‑1/4″
反洗泵进水接口/mm	G1‑1/4″	G1‑1/4″	G1‑1/4″	G1‑1/4″
产水接口/mm	DN32	DN40	DN40	DN40
排污接口/mm	DN32	DN40	DN40	DN40
循环出口/mm	DN32	DN40	DN40	DN40

附表 1‑2　　　　　　　　基座式给水处理模块主要技术参数表二

型号 项目	JZMK‑Ⅰ‑A	JZMK‑Ⅱ‑A	JZMK‑Ⅲ‑A	JZMK‑Ⅳ‑A	JZMK‑Ⅵ‑A
设备尺寸（$L \times W \times H$）/mm	1030×1000×2200	1100×1000×2200	1400×1000×2200	1700×1000×2200	2670×1000×2210
结构型式	基座式	基座式	基座式	基座式	基座式
设备框架材质	不锈钢或碳钢	不锈钢或碳钢	不锈钢或碳钢	不锈钢或碳钢	不锈钢或碳钢
运输重量/kg	130	170	210	250	350
装机容量/kW	2.2	3.3	4.4	4.4	4.4
运行容量/kW	1.1	2.2	2.2	2.2	2.2
供电电源	380V/50Hz	380V/50Hz	380V/50Hz	380V/50Hz	380V/50Hz
原水泵进水接口/mm	G1‑1/4″	G1‑1/4″	DN50	DN50	DN65
反洗泵进水接口/mm	G1‑1/4″	DN50	DN65	DN65	DN65

续表

项目 \ 型号	JZMK-Ⅰ-A	JZMK-Ⅱ-A	JZMK-Ⅲ-A	JZMK-Ⅳ-A	JZMK-Ⅵ-A
产水接口/mm	DN40	DN50	DN65	DN65	DN80
排污接口/mm	DN40	DN50	DN65	DN65	DN80
循环出口/mm	DN40	DN50	DN65	DN65	DN65
超滤膜组件数量	1 支	2 支	3 支	4 支	6 支
超滤膜材质	PVC 合金	PVC 合金	PVC 合金	PVC 合金	PVC 合金
处理水量/(m³/h)	2.4~6.4	4.8~12.8	7.2~19.2	9.6~25.6	14.4~38.4
原水泵	不锈钢离心泵 WB120/110	不锈钢离心泵 WB120/110	不锈钢离心泵 GZA-50-32-2.2	不锈钢离心泵 GZA-50-32-2.2	不锈钢离心泵 GZA-50-32-2.2
反洗泵	不锈钢离心泵 WB120/110	不锈钢离心泵 GZA-50-32-2.2	不锈钢离心泵 GZA-50-32-2.2	不锈钢离心泵 GZA-65-32-2.2	不锈钢离心泵 GZA-65-32-2.2
叠片过滤器型号与数量	2″,100μm 1 支	2″,100μm 1 支	2″,100μm 2 支	2″,100μm 2 支	2″,100μm 3 支
自动阀类型与数量	电磁阀或电动阀 3 只	电磁阀或电动阀 3 只	电磁阀或电动阀 3 只	电磁阀或电动阀 3 只	电磁阀或电动阀 3 只
管阀材质	UPVC	UPVC	UPVC	UPVC	UPVC
控制箱	PLC 或继电器	PLC 或继电器	PLC 或继电器	PLC 或继电器	PLC 或继电器

注 选型时要注意原水的水质,原水的水质决定设备的产水量。

附录2　居民生活用水定额（平均日）和 综合生活用水定额（平均日）

附表 2-1　　　　　　　　　居 民 生 活 用 水 定 额　　　　　单位：L/（人·天）

城市规模 用水情况 分区	特大城市		大城市		中、小城市	
	最高日	平均日	最高日	平均日	最高日	平均日
一区	180～270	140～210	160～250	120～190	140～230	100～170
二区	140～200	110～160	120～180	90～140	100～160	70～120
三区	140～180	110～150	120～160	90～130	100～140	70～110

附表 2-2　　　　　　　　　综 合 生 活 用 水 定 额　　　　　单位：L/（人·天）

城市规模 用水情况 分区	特大城市		大城市		中、小城市	
	最高日	平均日	最高日	平均日	最高日	平均日
一区	260～410	210～340	240～390	190～310	220～370	170～280
二区	190～280	150～240	170～260	130～210	150～240	110～180
三区	170～270	140～230	150～250	120～200	130～230	100～170

注　1. 特大城市：市区和近郊非农业人口 100 万及以上的城市。

大城市：市区和近郊非农业人口 50 万及以上，不满 100 万的城市。

中、小城市：市区和近郊非农业人口不满 50 万的城市。

2. 一区：贵州、四川、湖北、湖南、江西、浙江、附件、广东、广西、海南、上海、云南、江苏、安徽、重庆。

二区：黑龙江、吉林、辽宁、北京、天津、河北、山西、河南、山东、宁夏、陕西、内蒙古河套以东和甘肃黄河以东的地区。

三区：新疆、青海、西藏、内蒙古河套以西和甘肃黄河以西地区。

3. 经济开发区和特区城市，根据用水实际情况，用水定额可酌情增加。

4. 当采用海水或污水再生水等作为冲厕用水时，用水定额相应减少。

附录 3　地表水、海水水域的功能和标准

附表 3 - 1　　　　　　　　　　　地表水水域功能和标准分类

分类	功　　能
Ⅰ 类	主要适用于源头水、国家自然保护区
Ⅱ 类	主要适用于集中生活饮水地表水源地一级保护区、珍惜水生生物栖息地、鱼虾类产卵场、仔稚幼鱼的索饵场等
Ⅲ 类	主要适用于集中式生活饮用水地表水源地二级保护区、鱼虾类越冬场、洄游通道、水产养殖区等渔业水域及游泳区
Ⅳ 类	主要适用于一般工业用水区及人体非直接接触的娱乐用水区
Ⅴ 类	主要适用于农业用水区及一般景观要求水域

注　1. 本标准适用于中华人民共和国领域内江河、湖泊、运河、渠道、水库等具有使用功能的地表水水域。海外的
　　　 项目要根据实际项目特点遵循当地国家的标准。
　　 2. 依据地表水水域环境功能和保护目标，按功能高低依次划分为五类。

附表 3 - 2　　　　　　　　　　　海水水域功能和标准分类

分类	功　　能
第一类	适用于海洋渔业水域，海上自然保护区和珍稀濒危海洋生物保护区
第二类	适用于水产养殖区，海水浴场，人体直接接触海水的海上运动或娱乐区，以及与人类食用直接有关的工业用水区
第三类	适用于一般工业用水区，滨海风景旅游区
第四类	适用于海洋港口水域，海洋开发作业区

注　本标准适用中华人民共和国管辖的海域，对于海外其他海域要遵循当地国家标准。

参　考　文　献

［1］　严煦世，范瑾初．给水工程［M］.4 版．北京：中国建筑工业出版社，1999．

［2］　张智．排水工程（上册）［M］.5 版．北京：中国建筑工业出版社，2015．

［3］　张自杰，林荣忱，金儒霖．排水工程（下册）［M］.5 版．北京：中国建筑工业出版社，2014．

［4］　李亚峰，李倩倩，韩松，等．小城镇污水处理设计及工程实例［M］.2 版．北京：化学工业出版社，2018．

［5］　U. S. Environmental Protection Agency Office of Wastewater Management，Water Permits Division State and Regional Branch. United States Environmental Protection Agency National Pollutant Discharge Elimination System（NPDES）Permit Writers' Manual . EPA－833－K－10－001.［S］U. S. September 2010.

［6］　COUNCIL DIRECTIVE of 21 May 1991 concerning urban waste water treatment［S］.（91/271/EEC）．

［7］　Notification of the Ministry of Natural Resources and Environment dated April 7，B. E. 2553（2010）was issued under the Enhancement and Conservation of National Environmental Quality Act，B. E. 2535（1992）and published in the Royal Gazette，Vol. 127，Special Part 69D. Thailand Effluent Standard for Sanitary Wastewater Treatment Systems.

［8］　Kingdom of Saudiarabiaroyal Commission for Jubail and Yanbu. Saudi Arabia Royal Commission Environmental Regulations［S］. Environmental Protection and Control Department，2010.

［9］　Malaysia Wastewater Effluent Discharge Standards . According to Malaysia Environmental Law *ENVIRONMENTAL QUALITY ACT*，1974，the Malaysia Environmental Quality（Sewage and Industrial Effluents）Regulations，1979，1999，2000.

［10］　中华人民共和国卫生部，中国国家标准化管理委员会．生活饮用水卫生标准：GB 5749—2006［S］.北京：中国标准出版社，2006 .

［11］　中华人民共和国建设部，中华人民共和国国家质量监督检验检疫总局．室外给水设计规范：GB 50013—2006［S］.北京：中国计划出版社，2006 .

［12］　国家环境保护总局，国家质量监督检验检疫总局．城镇污水处理厂污染物排放标准：GB 18918—2002［S］.北京：中国环境科学出版社，2002.

［13］　国家环境保护总局，国家质量监督检验检疫总局．地表水环境质量标准：GB 3838—2002［S］.北京：中国环境出版社，2002.

［14］　国家环境保护总局，国家海洋局．海水水质标准：GB 3097—1997［S］.北京：中国标准出版社，1997.

［15］　张晓娟.34 个农村污水治理典型案例详解［OL］.中国水网，2018－06－04.

［16］　张晓娟.27 个乡镇污水治理案例详解［OL］.中国水网，2017－05－16.